実務で役立つ
Python機械学習入門

課題解決のためのデータ分析の基礎

池田 雄太郎／田尻 俊宗／新保 雄大　著

SE
SHOEISHA

本書内容に関するお問い合わせについて

　このたびは翔泳社の書籍をお買い上げいただき、誠にありがとうございます。弊社では、読者の皆様からのお問い合わせに適切に対応させていただくため、以下のガイドラインへのご協力をお願い致しております。下記項目をお読みいただき、手順に従ってお問い合わせください。

◉ ご質問される前に

　弊社Webサイトの「正誤表」をご参照ください。これまでに判明した正誤や追加情報を掲載しています。

正誤表　https://www.shoeisha.co.jp/book/errata/

◉ ご質問方法

　弊社Webサイトの「書籍に関するお問い合わせ」をご利用ください。

書籍に関するお問い合わせ　https://www.shoeisha.co.jp/book/qa/

インターネットをご利用でない場合は、FAXまたは郵便にて、下記 "翔泳社 愛読者サービスセンター" までお問い合わせください。
電話でのご質問は、お受けしておりません。

◉ 回答について

　回答は、ご質問いただいた手段によってご返事申し上げます。ご質問の内容によっては、回答に数日ないしはそれ以上の期間を要する場合があります。

◉ ご質問に際してのご注意

　本書の対象を超えるもの、記述個所を特定されないもの、また読者固有の環境に起因するご質問等にはお答えできませんので、予めご了承ください。

◉ 郵便物送付先およびFAX番号

　送付先住所　〒160-0006　東京都新宿区舟町5
　FAX番号　　03-5362-3818
　宛先　　　　（株）翔泳社 愛読者サービスセンター

はじめに

　機械学習の進化は、私たちの生活を根本的に変えようとしています。しかし、多くの人々にとって、この技術は依然として遠い存在のように感じられるかもしれません。実際に手を動かし、実践的に学んでみなければ、理論的な部分だけではその魅力やポテンシャルを十分に理解するのは難しいでしょう。

　本書は、そんな機械学習を「実務で役立てる」ためのガイドとして作られました。とくに専門的な背景知識がない方でも、コードを動かしながら基本的な概念や実用的なアプローチを学べるように配慮しています。

　さぁ、機械学習の世界に一歩踏み出してみましょう。

2023年10月　著者記す

How to read 本書について

➤ コンセプト

　本書のコンセプトは「身近なビジネス課題で機械学習を学ぶ」です。「最近、機械学習やAIという言葉をよく聞くので、勉強してみたい」という方に、現実的にありえる題材を基に実際にコードを動かしていただき「機械学習を使えば、身の回りのこんな課題を解決できるんだ」とイメージをつかんでいただき、機械学習を身近に感じ、より深く学ぶきっかけにしてもらうことが本書のゴールです。

　この本は、機械学習のビジネス適用をする上での「地図」のようなものとして捉えていただきたいです。機械学習プロジェクトで必要な知識が広く説明されています。その代わり、1つのトピックに関してはそこまで深く説明をしていません。詳しく学びたいと思っている方には物足りない内容かもしれません。しかし、学習の第一歩として、全体像をつかんでもらうのには有効なアプローチだと信じています。

　「機械学習」と一口にいってもその範囲は幅広いです。例えば、近くの書店に行って機械学習の本を探すと、主に次の3つのカテゴリに分かれて書籍が存在します。

- 機械学習の理論的な内容が書かれた本
- 機械学習のプログラミング的な内容が書かれた本
- 機械学習のビジネス的な内容が書かれた本

　本書の立ち位置を明確にしておきます。本書は、その分類に当てはめると次の図のように位置づけられます。

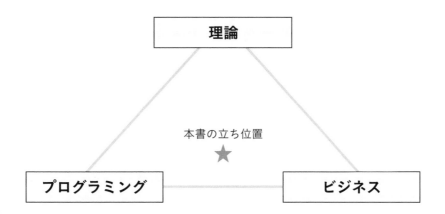

本書では、機械学習の理論的な部分には深入りしません。あくまで「動かしてみて、結果を見てみる、使ってみる」という点にフォーカスしています。私は、まず動かしてみて、身近な課題を解決するというアプローチが何かを勉強する上での近道だと信じています。もしこの書籍を読んで、もっと詳しく勉強したくなった方は、本書内でおすすめの書籍や教材を紹介しますので、ぜひそちらをチェックしてみてください。

次にこの本がどんな人のための本で、どんな人のための本でないか説明します。

この本はこんな方のための本です

- 機械学習に対する勉強をしてみたい、一歩を踏み出してみたい方
- 業務や個人のプロジェクトで機械学習を使ってみたい方
- 教科書的な勉強だけでなく、実際に手を動かしながら学びたい方

この本はこんな方のための本ではありません

- 機械学習のアルゴリズムの詳細や理論、数式について理解したい方
- 機械学習の基本は一通り理解していて、応用的な内容を学びたい方
- データの分析手法を中心に学びたい方

❯ 特徴

続いて、本書の特徴について説明します。本書の特徴は次の2つです。

- 現実的な場面を想定した解説
- コードを主体とした解説

❯ 現実的な場面を想定した解説

　本書は「実社会で使える」ことを非常に意識して書かれています。例えば、機械学習のチュートリアルで使われるデータセットに、アイリスデータセット[1]やタイタニックデータセット[2]があります。これらはデファクトスタンダードのような扱いになっていますが、実際にビジネスの現場で同じようなケース、つまり花弁の長さから花の種類を判別したり、海外の特定の事故から生存者を探したりするユースケースがあるかと考えると、ほとんどないでしょう。

※1：アイリス(Iris)データセットは、アヤメの花を4つの特徴（がく片の長さ、がく片の幅、花弁の長さ、花弁の幅）から3つの種類（セトサ、バージカラー、バージニカ）に分類するためのデータセットです。機械学習の分類問題の入門として広く用いられています。
※2：タイタニックデータセットは、タイタニック号の乗客情報（年齢、性別、客室クラス、乗船港など）を基に生存したか否かを予測するためのデータセットです。Kaggleのサンプルプロジェクトとしても使われており、機械学習の入門問題として利用されることが多いです。

❯ コードを主体とした解説

　本書は機械学習を理論的に解説するというよりは、コードを用いて解説しています。この手法のメリットはプログラミングを理解している方にとっては、「何が入力で何が出力なのか」というイメージが付きやすいことです。機械学習は数学的なアルゴリズムを用いるので、本来は線形代数や確率論を学ばないと本当の意味での理解はできないのですが、それは初学者にとって大きなハードルです。一方、機械学習をプログラミングする、という文脈においては機械学習関係のライブラリの発展がすさまじく、そういった理論をブラックボックス化し、意識せずに利用することができます。

この性質を活かし、本書では「機械学習はざっくりとこういうことをします」ということにフォーカスして解説します。この手法は、機械学習で実際にできることが知りたいという方にとっては大いに有効な方法だと信じています。一方、デメリットとしては、機械学習の内部のアルゴリズムについてはわからないことです。そういったデメリットを補う方法として、前述したように、本書内で紹介する書籍や教材をご参照ください。

❯ 対象読者

　本書では、OSのコマンドライン、またPythonの文法については解説しません。それらに関してはすでに読者である程度の知識をもっているものとします。もし、これらの知識がない場合はPythonの入門書（翔泳社『独習Python』など）を読むなどして、基本を身に着けていただくことをおすすめします。ただ、プログラミングの知識がなくてもわかる部分もたくさんありますので、この本を読みながら必要に応じて、Pythonについても調べていただく、という方法でも構いません。

❯ 構成・読み進め方

　本書のChapterごとの特徴を紹介します。

❯ Chapter 1. 機械学習をはじめる前に
　本書で紹介する機械学習プロジェクトについて紹介するChapterです。

❯ Chapter 2. まずは基本を押さえよう
　まず機械学習の基本を押さえるChapterです。

❯ Chapter 3. さまざまなアルゴリズムを体験しよう
　時系列アルゴリズムや、レコメンドアルゴリズム、異常検知アルゴリズムなど機械学習のさまざまなアルゴリズムの概念に触れるChapterです。

▶ Chapter 4. さまざまなデータを取り扱ってみよう

テキスト、画像といった取り扱うのに一工夫が必要なデータを取り扱う手法に触れる Chapterです。

▶ Chapter 5. 一つひとつのプロセスを深掘りしてみよう

Chapter 2, 3, 4で触れてきたプロセスに関して、深掘りして理解する Chapterです。

▶ Chapter 6. モデルを運用してみよう

学習したモデルを運用する MLOps というコンセプトとその実現方法について学ぶ Chapter です。

各 Chapter は複数の Section に分かれています。Section ごとに難易度が異なり、本書では「基礎」「応用」と分類しています。各 Chapter のはじめに、それぞれの Section の区分を記載しています。

サンプルコードについて

⟩ 動作確認済みのバージョン

本書では下記の環境で動作を確認しています。

▶ 推奨動作環境

本書で使用し、動作確認を行った環境を次に示します。

• OS

macOS：13.0

Linux：Ubuntu 18

Windows：Windows Subsystem for Linux 上で Ubuntu 18 を用いてください。
※ OS に依存したコードはほとんどないので、一般的な Linux ディストリビューションで動作すると思います。

- **プログラミング言語**

Python：CPython 3.10

＞ サンプルコードの入手方法

次の手順でGitHubからサンプルコードをダウンロードできます。

1. **https://github.com/ml-pg-book/python-business-ml-starter を開きます。**
2. **右上部にある緑色の "Code" ボタンをクリックします。**
3. **"Download ZIP" をクリックしてZIPファイルをダウンロードします。**
4. **ダウンロードしたZIPファイルを適当な場所に解凍します。**

これでサンプルコードのダウンロードが完了します。

また、Gitがインストールされている環境であれば、次のコマンドを実行することでリポジトリをクローン（複製）することもできます。

bash
```
https://github.com/ml-pg-book/python-business-ml-starter
```

このコマンドを実行すると、現在のディレクトリに`python-business-ml-starter`という名前のディレクトリが作成され、その中にサンプルコードが格納されます。

＞ 著作権・免責事項

本書に掲載されているサンプルコードの著作権は原則的に著者に帰属しますが、コードを再公開などしない限りは自由に使っていただいて構いません。商用のプロジェクトなどにコピーして使っていただくのも問題ありません。付属コード、データの提供は予告なく終了することがあります。あらかじめご了承ください。付属コードに記載されたURLなどは予告なく変更される場合があります。

■会員特典データのご案内

会員特典データは、以下のサイトからダウンロードして入手いただけます。

https://www.shoeisha.co.jp/book/present/9784798163406

※会員特典データのファイルは圧縮されています。ダウンロードしたファイルをダブルクリックすると、ファイルが解凍され、利用いただけます。

◉注意

※会員特典データのダウンロードには、SHOEISHA iD（翔泳社が運営する無料の会員制度）への会員登録が必要です。詳しくは、Webサイトをご覧ください。

※会員特典データに関する権利は著者および株式会社翔泳社が所有しています。許可なく配布したり、Webサイトに転載したりすることはできません。

※会員特典データの提供は予告なく終了することがあります。あらかじめご了承ください。

◉免責事項

※会員特典データに記載されたURL等は予告なく変更される場合があります。

※会員特典データの提供にあたっては正確な記述につとめましたが、著者や出版社などのいずれも、その内容に対してなんらかの保証をするものではなく、内容やサンプルに基づくいかなる運用結果に関してもいっさいの責任を負いません。

※会員特典データに記載されている会社名、製品名はそれぞれ各社の商標および登録商標です。

Contents 目次

Chapter

1

機械学習を
はじめる
前に

Section **1-1**：基本 ／ 応用

Section **1-2**：基本 ／ 応用

難易度

01　機械学習とは何か

イントロダクション

　このSectionでは、「そもそも機械学習とは何か」ということについて解説します。機械学習がどのような技術であり、私たちの日常生活やビジネスにどのように役立っているのか、どんなときに活用すればよいのか、逆にどんなときに使わない方がよいのか、について理解しましょう。

　「はじめに」で「手を動かして学んでいきましょう」と書いてあったのに「いきなり座学か」と思われた方、すみません。おっしゃるとおりです。しかし、手を動かして学んでいくにしても、どうしても押さえておいた方がよい基礎がありますので、このSectionと次のSectionでは最小限の内容を説明します。これらの基礎を理解しておくことでその後の内容がずっと理解しやすくなるので、ぜひ理解しましょう。

機械学習って何？

　機械学習は一言でいうと、コンピュータが学習して予測や判断を行うための技術です。もう少し具体的に書くとデータから規則性を抽出し、その規則性を基に新たなデータに対する予測や分析を行うための手法です。例えば、過去の天候データを使って、未来の天候を予測すること、メールをスパムかどうか判定することが機械学習の例です。

　機械学習では、人間がプログラムを書くのではなく、コンピュータ自身がデータから"学習"することで、問題の答えを見つけ出すことが可能になります。この"学習"のプロセスは、データセットからパターンを見つけ出し、それを"モデル"として生成することで行われます。この短い説明では、まだピンと来ない方が多いと思いますので、もう少し詳しく説明していきます。

❯ コンピュータ自身がデータから学習するとは

　前述した「コンピュータ自身がデータから『学習する』とは」という書き方は抽象的な書き方でした。「？」が頭に浮かんだ方もいるでしょう。理解を深めてもらうために例を挙げて説明します。例として、受信したメールがスパムメールかどうかを判定するスパムフィルターで「コンピュータ自身がデータから『学習する』」ということが何なのか考えましょう。

　まず、初期のスパムフィルターは主にルールベースという手法で作られていました。ルールベースは「コンピュータ自身がデータから『学習しない』」手法に当たります。

　ルールベースの手法では、「"無料"という単語がメールの件名に含まれていたら、それはスパムメールである」というような明確なルールを人間がプログラムします。しかし、このアプローチにはいくつかの問題があります。まず、スパムメールは皆さんも知っているように、日々新しい手法が開発されます。それに対応するため、人間が常に新しいルールをプログラムする必要があります。また、各個人がスパムと考えるメールは人によって異なるため、一律のルールを適用することが困難です。

Chapter 1

Chapter 2

Chapter 3

Chapter 4

Chapter 5

Chapter 6

ここで機械学習のアプローチが登場します。機械学習を用いたスパムフィルターでは、大量のメールデータ（スパムメールと非スパムメール）を機械学習モデルが学習することで、メールがスパムかどうかを自動的に判断するモデルを生成します。このモデルは、スパムメールと非スパムメールのパターンを学び、その経験をもとに新しいメールがスパムかどうかを判断します。例えば、機械学習によって「ある特定のドメイン名（.xyzなど）が含まれている場合にスパムメールの可能性が高い」ということが学習できたりします。ルールベースとの大きな差はこれが「人間がプログラムせず、機械学習モデルが自動でパターンを見つけている」ことです。これが「コンピュータ自身がデータから『学習する』」ということです。

⊘ 機械学習で解決できること

機械学習は、私たちの社会のさまざまな問題解決に活用でき、実際に活用されているものも多くあります。具体的な応用例として次のようなものがあります。

- **予測**：過去のデータを利用して未来の結果を予測します。会社の売上予測や天気予報などがこれに当たります。
- **画像認識**：カメラからの入力を解析して特定のオブジェクトや人物を識別します。これは、自動運転車や顔認証システムなどで使われます。
- **自然言語処理**：テキストデータを解析して意味を理解し、翻訳、要約、感情分析などを行います。また、チャットボットなどの対話システムもこの領域に含まれます。
- **レコメンドシステム**：ユーザーの過去の行動や好みを学習し、彼らに対して個別の商品やコンテンツを推薦します。NetflixやAmazonなどの推薦システムがこれに該当します。

⊘ 機械学習が具体的に行っていること

ここまで、機械学習の概要説明を行ってきましたが、ここで機械学習が具体的に行っていることをもう少し詳しく説明します。

スパムフィルターの訓練時には、次の学習用データと正解ラベルを用いて学習を行います。
- **（入力）学習用データ**：メールの送信元アドレス、タイトル、本文など
- **（入力）正解ラベル**：そのメールがスパムであるか否か（人間が確認してラベル付けしたデータ）

Chapter 1

Chapter 2

Chapter 3

Chapter 4

Chapter 5

Chapter 6

　この学習により、モデルは「どのような特徴をもつメールがスパムであるか」を学習します。

　次に、モデルが学習を終えた後、新たに来たメール（予測用データ）に対してスパムか否かを予測します。

- **（入力）予測用データ**：新たに受信したメールの送信元のアドレス、タイトル、本文

　モデルはこの予測用データに基づき、そのメールがスパムかどうかの予測ラベルを出力します。

- **（出力）予測ラベル**：メールがスパムかどうかの予測結果

　メールサービスでは、この予測結果をもとに、メールを受信者のインボックスや迷惑メールフォルダへ振り分けます。つまり、この教師あり学習のプロセスを通じて、コンピュータはスパムメールを自動的にフィルタリングする能力を獲得します。これは、機械学習が具体的に行っていることの一例です。

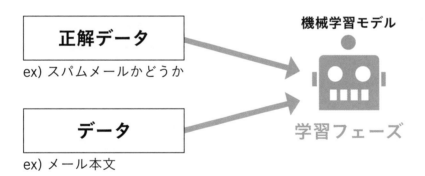

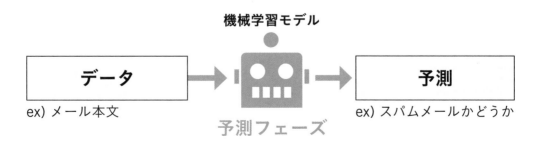

もう1つ例を考えましょう。機械学習の具体的な利用例として、需要予測があります。需要予測は、商品やサービスの未来の売上を予測するために行われる作業で、数多くの企業がこの手法を採用しています。

　需要予測の機械学習プロセスは次のように行われます。

　学習用データと正解ラベルを用いて学習を行います。学習用データとしては商品に関する情報や販売に関する情報、時期や季節、価格などが考えられます。正解ラベルは、その商品が実際にどれだけ売れたか、つまり売上額です。

- **（入力）学習用データ**：商品の特性、価格、販売時期、宣伝活動、過去の売上など
- **（入力）正解ラベル**：商品の実際の売上額

　モデルは、これらの学習用データと正解ラベルをもとに、「どのような状況下で商品がどれくらい売れるか」を学習します。

　次に、学習が完了したモデルを用いて、新商品や新たな販売状況下での売上を予測します。

- **（入力）予測用データ**：新商品の特性、価格、販売予定時期、予定する宣伝活動など

　モデルはこの予測用データに基づいて、商品の売上予測を出力します。

- **（出力）予測ラベル**：商品の予測売上額

　この予測売上額を基に、企業は商品の発注量を調整したり、生産計画を立てたりします。
　これらの例から見ると、機械学習で必要なことは大きく2つあることがわかります。

1. **予測したい対象が明確にある**：スパムかどうか、売上額、顧客の解約予測、画像の中に何が含まれているかなど
2. **予測に用いるデータがそろっている**：メール本文、商品情報、顧客の購入履歴、画像データなど

機械学習プロジェクトを始める際には、これらの要素がそろっているか確認することが必要です。

Chapter 1

Chapter 2

Chapter 3

Chapter 4

Chapter 5

Chapter 6

⊳ 機械学習が得意なことは？

機械学習と人間の能力はそれぞれが得意とする領域があります。これらの差を理解することは、機械学習を適切に使用する上で重要です。

⊳ 1. 機械学習が得意なこと

- **大量のデータ処理**：機械学習の利点の1つは、大量のデータを高速に処理し、それらからパターンを抽出できる能力です。人間では処理しきれないような膨大なデータでも、機械学習は効率的に学習できます。
- **高次元のパターン検出**：機械学習は多次元のデータからも複雑なパターンを抽出できます。例えば、画像認識ではピクセルの色、配置、形状など数百万の特徴から物体を認識します。
- **客観的な判断**：学習データとアルゴリズムに基づいて決定を下すため、機械学習は人間のように感情や先入観に左右されることなく一貫した判断が可能です。

⊳ 2. 人間が得意なこと

- **抽象的な思考**：人間は概念を理解し、抽象的な思考をする能力をもっています。例えば、「正義」といった抽象的な概念やアイデアを理解し、それに基づいて行動を選択できます。一方、機械学習は明示的に定義されたルールやデータに基づいて動作します。
- **未経験の問題への対応**：人間は過去の経験や直感を使って未知の問題に対応する能力があります。一方、機械学習は未知の状況や未学習の問題に対しては、一般的にうまく対応することが難しいです。

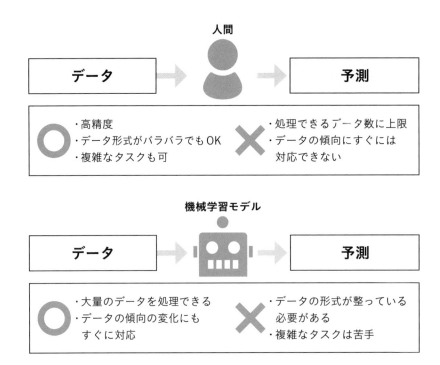

機械学習を使う上で注意すること

　ルールベースの手法では、人間が全ての条件を定めるため、その条件が予期しないものであるというのが後で判明する、というようなことはありません。一方、機械学習で得られた関係性は、それを実際に利用する前によく分析しておかないと、ある特定の条件でしかうまく動かない関係性が実は得られていたり、関係性にビジネス上ふさわしくないような条件（例えば、性別や人種などによって合否を判定するようなモデル）を含んでしまったりする場合があり、注意が必要です。

Chapter 1

Chapter 2

Chapter 3

Chapter 4

Chapter 5

Chapter 6

Section 01 まとめ

　このSectionでは、機械学習の基本的な概念と、それがどのような場面で使用されるのかについて説明しました。機械学習は、データから規則性を学習し、新たなデータに対する予測や分析を行う技術です。スパムメールの判定や売上予測など、多岐にわたる問題解決に応用可能です。

　機械学習が得意とする領域は大量のデータ処理であり、人間では処理しきれない膨大なデータを効率的に学習できます。一方で、人間は抽象的な思考や概念理解を行えます。

　機械学習はうまく活用すると大きな価値をもたらしてくれますが、一方で使用する際には注意が必要です。得られたモデルが特定の条件下でしか機能しない、あるいはビジネス上適切でない条件を含んでいる可能性があるため、モデルの解析と評価が必要です。

　このように、機械学習は強力なツールでありながらも、その利用は適切な理解と注意を必要とします。

Section 02 機械学習プロジェクトの流れ

イントロダクション

　このSectionでは一般的な機械学習プロジェクトの流れについて説明します。皆さんが機械学習と聞いたとき、最初にイメージするのは機械学習アルゴリズムを使ったモデルの学習や予測かもしれません。しかし、機械学習プロジェクトではモデルの学習や予測以外の工程の方が大部分を占めているといっても過言ではありません。

　このSectionでは、そういったプロセスも含めて全体の流れを説明することで、機械学習を使ったプロジェクトの全体像を把握できるようにしましょう。

機械学習プロジェクトは、次の4つのフェーズに分けられます。

A. ビジネス課題分析、手段検討
B. データ分析、機械学習
C. 本番アプリケーション化
D. モニタリング、エラー分析

図のように4つのプロセスを順番に進めていくことになります。モニタリング、エラー分析の先にはビジネス課題分析があるように、イテレーションを回すことが機械学習プロジェクトでは重要です。

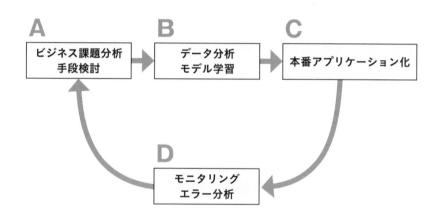

皆さんが「機械学習」と聞いたときに思い浮かべるのはこのBのデータ分析、モデル学習かと思いますが、実際に進めるとそれ以外の工程の方が多くを占めていることに気付くことになります。例えばアメリカで有名なウォルマートの発表によると、機械学習プロジェクトの60〜80%が、データを分析したりモデルを学習したりするプロセス以外の要素が原因で頓挫するそうです。

それでは一つひとつ見ていきましょう。

A. ビジネス課題分析、手段検討

このフェーズでは、機械学習で解決するビジネス課題を発見し、それに対して機械学習をどのように適用できるか手段を考えます。機械学習プロジェクトで最も重要なフェーズといえるでしょう。

⊙ いま解決したい問題は何か

「いま解決したい問題は何か」「どう機械学習で解決できるか」を考えてみてください。例えば、あなたがECサイトを運営している企業に勤めていたとします。このとき「ECサイトユーザーの商品購入頻度を増やす」「新規顧客を増やす」が解決したい課題になり、それに対する機械学習を用いる方法としては「各ユーザーに対するおすすめ商品を予測する」「キャンペーンを行うのに最適な時期を予測する」などが考えられます。ビジネス課題とそれに対する方法をセットで考えましょう。

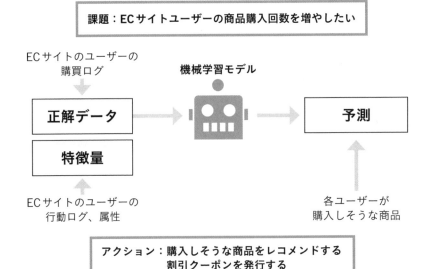

Chapter 1

Chapter 2

Chapter 3

Chapter 4

Chapter 5

Chapter 6

| Column | とにかく「機械学習を使ってみたい」は要注意 |

　「機械学習を使ってみたい」という単なる希望から始まるプロジェクトは、危険な場合が多いです。なぜなら、そのようなスタート地点では「方法」の議論に偏りがちで、真の「目的」が見失われがちだからです。例えば、ある経営者が「機械学習を使ってみたい」という一意の願望でプロジェクトを始める場面を考えてみましょう。ここで、データの分析や機械学習モデルの作成、アプリケーションの実装に焦点を当てがちです。しかし、その結果として得られるプロダクトが、実際にはビジネスやユーザーにとってどのような価値をもたらすのか、その明確なビジョンが欠けている場合があります。結局、機械学習を用いること自体が目標となってしまい、本来追求すべき価値や効果が二の次になってしまうことも。これでは、プロジェクトが成功してもその成果が十分に活かされないリスクが高まります。したがって、新しい技術や手法を取り入れる際は、その背後にある「目的」や「価値」をしっかりと定義し、それに合わせて技術の活用を進めることが非常に重要です。

| Column | 機械学習を使わない方法を考える |

　「A. ビジネス課題、手段検討」であえて「機械学習を使わない」という選択をした方がよい場面もあります。例として「顧客へのおすすめ商品のレコメンド」を挙げます。先進的なレコメンドエンジンを使用する方法もありますが、シンプルに「SQLを用いて過去1週間の人気商品を全ユーザーに提示する」というアプローチも十分に有効です。

　機械学習は「技術的負債の高利貸のクレジットカード」と形容されることもあり、その背後には、その便利さに伴い、開発や運用に関する高いコストがかかるという事実があります。このため、機械学習を採用する前に、プロジェクトの目的や期待される利益をしっかりと定義し、それをKPIとして計測します。その上で、投資としてのコストと見込み得るリターンを比較検討し、採用する技術や手法が本当に効果的であるのかを再評価することが極めて重要です。

⟩ 機械学習システムの業務への組み込み方法

　次のフェーズは機械学習のシステム設計です。まだデータの解析やモデルの学習が終わっていないのに、システム設計を考えるのかと思われる方もいるでしょう。しかし、よくある機械学習プロジェクトの失敗例として「モデルの学習は行えたがデータの更新方法がない」「ビジネス課題を解決する方法がない」ということがよくあります。 そうならないために、このフェーズで最終的な予測結果の利用方法やデータの更新方法を考えておくことが必要なのです。ここでは次の項目を検討します。

- どのようにデータソースを収集するのか
- 予測結果を、いつ、誰に、どのように提供するか
- ビジネス上求める精度の設定

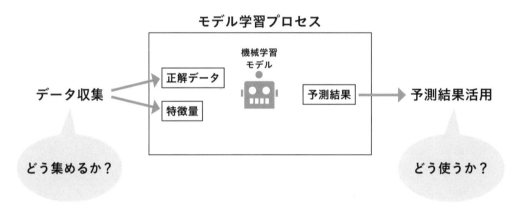

▶ どのようにデータソースを収集するのか

　機械学習に用いるデータソースの収集方法を検討します。一般的に機械学習に用いるデータソースはさまざまな場所にさまざまな形式で保存されていることが多いです。例えば、ユーザー情報はMySQLのようなRDB（リレーショナルデータベース）に保存、ログ情報はGoogle BigQueryに保存され、ユーザーインタビューの情報はテキスト形式でファイル共有サービスにあるということも考えられます。

機械学習モデルの学習に使うデータは1カ所にまとめる必要があります。またモデルの学習は1回限りのものではなく、時間の経過に伴い繰り返し学習を行うことが一般的なので、定期的に更新できるデータかどうかも1つのポイントです。

▶ 予測結果を、いつ、誰に、どのように提供するか

　完成した機械学習の予測結果をいつ、誰に、どのように提供するのかを検討します。よくある分類の仕方がバッチ予測とリアルタイム予測です。

　バッチ予測では、例えば日時パッチのような形で予測タスクを実行して予測結果を MySQL などのデータベースに格納します。格納された結果は一般的なWebアプリケーションから使われたり、別の分析ツールなどから使われたりします。

　リアルタイム予測は、ユーザーの入力データなどのリアルタイムに発生するデータを使って予測を行います。PythonのPickle形式などのシリアライズされたモデルをWebアプリケーションが保持しており、REST APIなどの形で予測結果を返します。例えば、スマートフォンアプリで撮影した商品のカテゴリを自動で識別するものがあります。これは画像を入力データとして、リアルタイム予測が行われています。

▶ ビジネスで求める精度の設定

　機械学習モデルを開発する際、その精度を正確に計測する方法を見極めることは欠かせません。ただ、どの指標を基準にするかは、ビジネスユースケースによって大きく変わることがあります。

　例えば、画像認識の機械学習モデルが正解率95%を示した場合、それが「ECサイトの画像検索機能の強化」を目的とする場合には、その精度は十分許容範囲内と見なされるかもしれません。しかし、「がんの検出」を目的とする場面では、命に関わるため、この95%の精度がリスクとして取り扱われ、その採用が見送られることも想定されます。このように、ユースケースによって、同じ精度でも受け入れられる基準が異なるのが現実です。

　さらに付け加えると、間違った結果をどのように修正・補足するか、つまり「リカバリー策」も重要な要素として考慮すべきです。例として「がんの検出」を取り上げると、患者が直接結果を確認する方式と比べ、最終的に主治医が結果を検証し、疑わしい場合に追加検査をすすめる方式は、誤判定のリスクを大きく低減できるでしょう。

Chapter 1
Chapter 2
Chapter 3
Chapter 4
Chapter 5
Chapter 6

B. データ分析、機械学習

いよいよデータ分析、機械学習です。皆さんが機械学習プロジェクトといわれて真っ先に思い描くのはこのフェーズではないでしょうか。いわゆるデータサイエンティストといわれる人たちが担当することも多いでしょう。

このフェーズでは次の項目を取り扱います。

1. データ収集と前処理
2. 探索的データ分析
3. 特徴量エンジニアリング
4. アルゴリズムと評価指標の選定
5. モデル学習・評価

1～5は大まかな流れで、ウォーターフォール的なプロセスではありません。各項目について説明します。

データ収集と前処理

　ここでは前のフェーズで調査したデータの収集方法に基づいて実データの収集、前処理を行います。

表形式データ

　データの前処理で大きな部分を占めることが多いのが、機械学習モデルの学習に使える表形式データに変換することです。　もし収集したデータがMySQLなどのRDBに格納されており、すでに表形式になっている場合はこの処理は必要ありません。しかし、文章データであったり、JSON形式になっているログデータであったり、画像データや音声データの場合は、表形式データに変換する必要があります。

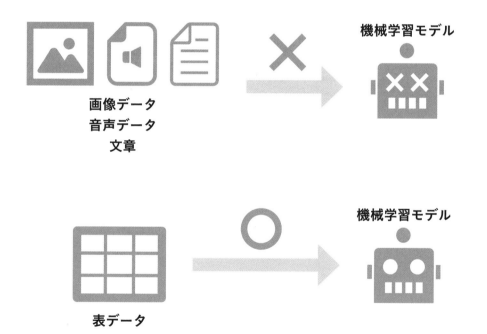

画像データ
音声データ
文章

機械学習モデル

表データ

機械学習モデル

Chapter 1
Chapter 2
Chapter 3
Chapter 4
Chapter 5
Chapter 6

▶ 欠損値、さまざまなデータタイプの変換

データを表形式にした後に行う作業として前処理があります。基本的に機械学習モデルの学習には数値データのみしか使えません。そのため、それ以外のデータ形式は何らかの方法を使って数値データに変換する必要があります。よくあるデータ形式としては、カテゴリデータというものがあります。これはフルーツというカラムがあったときに、その値として「りんご」「みかん」「パイナップル」などというデータが入っている場合を指します。カテゴリデータを取り扱う方法はいくつかありますが、ポピュラーな方法としてワンホットエンコーディングという手法があります。ワンホットエンコーディングでは、各カテゴリをそれぞれ独立した二値の特徴として扱います。例えば、フルーツというカラムをワンホットエンコーディングすると以下のようになります。

```
りんご: [1, 0, 0]
みかん: [0, 1, 0]
パイナップル: [0, 0, 1]
```

これらは3次元のベクトルで、特定の色に対応する要素だけが1で、残りの要素は0です。これにより、各カテゴリが独立して表現され、数値としての順序や大小関係が生じないため、機械学習アルゴリズムが適切にこれらのカテゴリデータを扱えます。

もう1つは欠損値除去です。欠損値というのは一部のデータが欠損している状態を表しています。一般的には機械学習モデルの学習において欠損値を使うことはできません。欠損値があるデータを取り除いたり、何らかのアルゴリズムで欠損値を補完したりする必要があります。

詳しい前処理の方法についてはChapter 4で説明します。

Chapter 1

Chapter 2

Chapter 3

Chapter 4

Chapter 5

Chapter 6

> Column | **Garbage In, Garbage Out**
> （ゴミを入れたら、ゴミが出てくる）
>
> "Garbage In, Garbage Out"（ゴミを入れたら、ゴミが出てくる）とは、情報システムの一般的な原則で、その品質は供給されるデータの品質に直結しているという意味です。この概念は機械学習の世界でとくに重要です。
>
> 機械学習は基本的にデータから学習します。つまり、学習アルゴリズムが何であれ、その性能は基本的には供給されるデータに依存します。高品質なデータを供給すればよい結果が得られますが、逆に低品質、つまり「ゴミ」データを供給すれば、「ゴミ」の結果しか得られません。これが「Garbage In, Garbage Out」の原則です。

探索的データ分析（EDA）

データの収集ができたらデータがもつ傾向や特徴などを分析します。探索的データ分析（EDA）は、データの理解を深めるための手法であり、主に可視化と統計的手法を用いて行われます。EDAを通じて、データの特性や潜在的なパターン、変数間の関係性、異常値やはずれ値の存在などを理解できます。これにより、機械学習モデルの設計やデータの前処理に有用な洞察を得ることが可能です。

探索的データ分析は主にJupyter Notebookのような対話的な実行環境や BI ツールと呼ばれているようなデータ分析ツールを使って行われます。データの特性を知るためにヒストグラムや散布図をプロットしたり、どういった特徴量をモデル学習に使うべきなのか検討したりします。

特徴量エンジニアリング

探索的データ分析（EDA）が完了したら、特徴量エンジニアリングを行います。特徴量エンジニアリングは、機械学習モデルの性能を向上させるための重要なステップです。特徴量エンジニアリングとは既存のデータから新しい特徴量を生成したり、不要な特徴量を削除したり、特徴量を変換したりすることです。主要なものとして次の処理があります。

- **特徴量の生成**：既存の特徴量を基にして新しい特徴量を生成します。例えば、日付データから「曜日」や「月」などの新しい特徴量を抽出したりします。
- **特徴量の選択**：モデルの性能に寄与していない、またはノイズを増幅させてしまうような特徴量はモデルから削除します。
- **特徴量の変換**：いくつかの機械学習アルゴリズムは、特定の特徴量の分布や関係性に基づいて動作するため、特徴量のスケーリングや正規化が必要となる場合があります。

アルゴリズムと評価指標の選定

　機械学習アルゴリズムの選択は、問題の性質、データの特性、目的の評価指標などに基づいて行われます。さまざまな種類のアルゴリズム（例えば線形回帰、決定木、ニューラルネットワークなど）があり、それぞれが異なる問題やデータに対して最適です。また、評価指標の選定は、モデルの性能をどのように測定するかを決定します。例えば、分類問題では精度やAUC-ROC、回帰問題では平均二乗誤差などがよく使われます。

モデル学習・評価

　選定したアルゴリズムと評価指標に基づいて、モデルの学習を行います。モデルの学習は、一般的には教師あり学習や教師なし学習の方法を用いて行われ、データとアルゴリズムに基づいてモデルのパラメータを調整します。学習が終了したら、テストデータを使用してモデルの性能を評価します。モデルの評価は、選定した評価指標を基にして行われ、モデルの予測精度や汎化性能を測定します。

## Chapter 1

Column　評価指標の作り方と
ゴールドスタンダードの重要性

　機械学習プロジェクトを進める上での大きな挑戦の1つは、選択肢の多さによる混乱です。機械学習プロジェクトは一般的なソフトウェアプロジェクトと比較して、多くの調整可能な要素が存在します。これらは"チューニング"と呼ばれ、ハイパーパラメータの調整が最もよく知られています（Chapter 5で説明しています）。

　しかし、ハイパーパラメータチューニングだけが全てではありません。実際、選択すべき重要な要素はほかにもあります。例えば、どの機械学習アルゴリズムを選ぶべきか、どの評価指標を使用すべきか、などです。

　ここで重要になるのが、「ゴールドスタンダード」の設定です。ゴールドスタンダードとは、一般的に「最善の」または「最も信頼性のある」基準や基本を指す言葉です。機械学習の文脈では、ゴールドスタンダードは一般に、アルゴリズムのパフォーマンスを評価するための「正解」データセットを指します。

　ゴールドスタンダードは、評価指標を作る際の重要な基準であり、これによって新たな手法やアルゴリズムの効果を客観的に評価することが可能となります。しかし、適切なゴールドスタンダードを設定するためには、専門知識と時間が必要となるため、これがまた新たな選択肢となります。

　このように、機械学習プロジェクトは多くの選択肢とともに進められますが、それらを適切に選ぶためには明確なゴール設定と、それに基づいたゴールドスタンダードの設定が重要となります。

C. 本番アプリケーション化

　探索的プロセスが終わると、本番アプリケーション化フェーズです。このフェーズではアプリケーションへの統合を行うことで機械学習モデルの活用を行います。統合方法としては、リアルタイムの予測が求められる場合にはWebアプリケーションを、一括での大量データ処理や即時性が不要な場合にはバッチ予測形式を選択するのが一般的です。各ケースのニーズに応じて、最適な形式を選びます。

　この本番アプリケーション化フェーズでは、以下のような要点に注意する必要があります。

- **データの管理**：データの更新、保守計画を立てる必要があります。新しいデータに基づいてモデルを定期的に再学習するシステムも必要となります。
- **モデルのバージョン管理**：デプロイしたモデルのバージョンをしっかり管理し、問題が発生したときに前のバージョンに戻すことができるようにする必要があります。
- **モニタリングとアラートシステム**：モデルの性能を監視し、問題が発生したときにすぐに対応できるようにする必要があります。
- **ユーザーフィードバックの収集**：システムの改善のために、ユーザーフィードバックを収集し、それをフィードバックループに組み込むことが重要です。

　以上のような準備と配慮を行うことで、機械学習モデルは実際のアプリケーションとして本番環境で稼働し、価値を生み出すことができます。

D. モニタリング、エラー分析

　実装した機械学習モデルをシステムに組み込めたら、次はモニタリングとエラー分析のフェーズです。モデルを一度組み込んだだけで満足してしまうかもしれませんが、そこには落とし穴があります。それは、データの変動による予測精度の悪化です。一度だけ学習した機械学習モデルは「その時点で存在するデータを使って」学習されています。

　例えば、あなたがレストランの売上予測を行う機械学習モデルを運用していて、よい予測結果が定期的に得られていたとします。しかし、世界的なパンデミックが発生し、人々の生活様式が大きく変わってしまったとします。このとき、売上の推移はパンデミックが発生する前と全く異なったものになってしまい、予測の精度が著しく悪化してしまいます。

　そこで必要になってくるのがモニタリングです。機械学習にかかわらず、一般的にサーバー監視として、ダッシュボードを用いた負荷状況などのモニタリングが行われています。機械学習でも同じようにモニタリングが必要です。サーバー監視と同じように可能であればダッシュボードがあるのが望ましいですし、メールやチャットツールを使ったアラートもあるとなおよいでしょう。

　モニタリングは予測のパフォーマンス低下を早期に発見し、問題の特定と修正を迅速に行うために必要です。とくに、データが時間とともに変化する場合や新たな未知の状況が発生する可能性がある場合、定期的なモニタリングによりそれらの変化に対応し、モデルのパフォーマンスを維持できます。これにより、モデルが提供する価値を最大化し、信頼性と予測精度を確保することが可能になります。

各フェーズと本書のChapterの関係性

最後に、このSectionで説明した各フェーズと本書のChapterの関係性について紹介します。Chapter 2〜4ではフェーズAのビジネス課題分析と手段検討、フェーズBのデータ分析と機械学習を一連の流れとして紹介します。Chapter 4ではフェーズBのデータ分析と機械学習に関してChapter 2〜4では取り扱いきれなかった、応用的な内容を取り扱います。Chapter 6ではフェーズC、Dに当たる本番アプリケーション化とモニタリングについて紹介します。

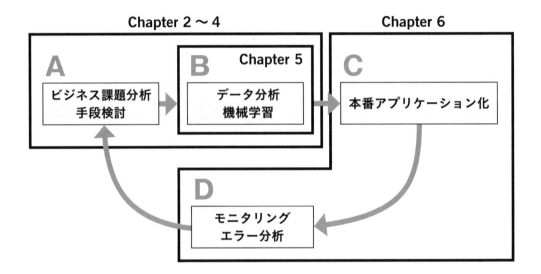

このSectionでは機械学習プロジェクトの一般的な流れに関して紹介しました。以降のChapterで詳しい内容を解説します。もし以降のChapterを読んでいく中で全体観がつかめなくなってきたら、このSectionに戻ってきて読み返してみてください。

Chapter

2

まずは
基本を
押さえよう

Section
01　Chapter 2 について

> ### イントロダクション

　さて、いよいよ実践パートが始まります。ここからさまざまな事例をベースにして機械学習のさまざまな手法を学んで行きましょう。

　Chapter 2ではさまざまなビジネスケースを紹介し、それぞれのケースに対して、どの機械学習アルゴリズムを用いて解決できるかを解説します。次の「機械学習プロジェクトテンプレート」を用いて説明します。このテンプレートは読者の方が実際の問題に対して同じように適用できるものです。この機械学習のテンプレートを身につけ、ぜひ実際の業務に役立ててください。

機械学習プロジェクトテンプレート

⟫ フェーズA：ビジネス課題分析

- 解決したい課題は何か？
- 予測したい値は何か？　どんなアクションに使えるか？
- 特徴量として何が使えるか

⟫ フェーズB：データ分析、機械学習

- データ収集
- データ観察
- 特徴量エンジニアリング
- アルゴリズムの選定・評価方法の選定
- 機械学習モデルの学習
- 機械学習モデルを使った予測
- 機械学習モデルの評価

テンプレートはフェーズA、フェーズBに分かれています。

フェーズAでは実際にデータやコードをいじることはなく、解決したい課題が何なのか、どんなアウトプットを得られればよいのか、を検討します。Chapter 1に書いたようにこのフェーズがおろそかだと、どんなにフェーズBでよい結果を出しても最終的な価値は得られません。

フェーズBでは、実際にデータを使って分析を行い、機械学習のアルゴリズムを使ってモデルを学習し、結果の活用、モデルの評価を行います。フェーズAで検証したビジネス課題に対して、実際に実装をし、解決をします。誤解を恐れずにいえば、フェーズAとフェーズBの関係は、システム開発における「設計」と「実装」の関係に似ています。

Chapter 1
Chapter 2
Chapter 3
Chapter 4
Chapter 5
Chapter 6

Chapter 2〜4では、全てこのテンプレートを用いて解説します。実際の事例をどうやってこのテンプレートに落とし込んでいくのか、ぜひ注意深く読んでみてください。落とし込み方を理解してしまえば、あなたが取り組みたいプロジェクトにこのテンプレートを落とし込むだけで、機械学習プロジェクトを進められるでしょう。

Chapter 2〜4では、「何をしたいか」を基にユースケースを分類し、それぞれのユースケースに対するアルゴリズムの特性や使い方を説明しています。

どのように分類しているかを表したものが次の図になります。Chapter 2〜4を読む上での参考にしてください。

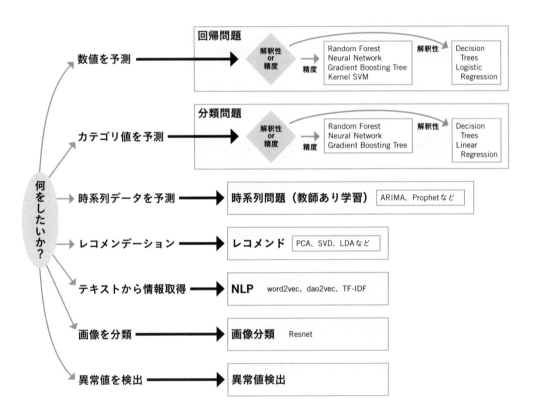

Section 02　回帰アルゴリズム：不動産価格を予測しよう

Chapter 1

Chapter 2

Chapter 3

Chapter 4

Chapter 5

Chapter 6

イントロダクション

　　いよいよこのSectionから、実際のケースに基づいて機械学習を学んでいきましょう。このSectionでは機械学習で最も一般的なアルゴリズムの1つである回帰アルゴリズムについて学んでいきましょう。

　　あなたは、とある不動産会社に勤務しています。あなたの会社は数百の不動産を保有し、賃貸物件を顧客に貸し出しています。ある日、あなたの上司から、「物件の賃貸価格決定を自動化したい」と要望を受けました。さぁ、どうするか考えましょう。

フェーズA　ビジネス課題分析

＞　解決したい課題は何か？

　今回のリクエストは「物件の賃貸価格決定を自動化したい」ですが、このリクエストにどういった背景があるかを考えたり、質問したりすることが重要です。上司や関係するメンバーへのヒアリングを行った結果、次のような背景があることがわかりました。

　現在、あなたの会社では、物件の賃貸価格を業界経験が豊富なメンバーが地域の相場などを調査した後、決定しています。このプロセスは安定しているのですが、新しい物件が加速度的に増えていること、賃貸価格を決定できるメンバーが限られていることから、作業が追いつかなくなっています。そこで、あなたの上司から「最近よく聞くAIで自動化ができるのではないか」というリクエストが来たとのことです。

　背景は整理できました。解決したい課題は「物件の賃貸価格決定プロセスの効率化」とも言い換えられそうです。

＞　予測したい値は何か？　どんなアクションに使えるか？

　「不動産の賃貸価格決定の自動化」を機械学習の世界に適用できるように考えてみます。今回のケースでは、機械学習の文脈では「物件の賃貸価格予測」と捉えられそうです。このとき「予測したい値」は「物件の賃貸価格」になりそうです。

　また、「この値を用いたアクション」を考えてみると、恐らく「業界経験が豊富なメンバー」がこの結果を見て最終確認をし、実際の家賃に反映されることになりそうです。そういったアクションを考えると、「純粋な予測結果」だけでなく、「どういった特徴量からこの結果が算出されたか」「どのくらいの精度か」も同時に示した方がよさそうです。

Chapter 1

Chapter 2

Chapter 3

Chapter 4

Chapter 5

Chapter 6

特徴量として何が使えるか

あなたは会社のデータベース一覧を調べ、次の情報を使えることがわかりました。

- いままでに管理していた物件情報とその賃貸価格

今回はこのデータを用いて機械学習プロジェクトを進めましょう。

フェーズB データ分析、機械学習

フェーズBの項目をおさらいしましょう。フェーズBでは次のような作業を行います。

- データ収集
- データ観察
- 特徴量エンジニアリング
- アルゴリズムの選定・評価方法の選定
- 機械学習モデルの学習
- 機械学習モデルを使った予測
- 機械学習モデルの評価

データ収集

まず、プロジェクトを始めるためにデータを収集していきましょう。

フェーズAで使えることがわかった「いままでに管理していた物件情報とその賃貸価格」は会社のデータベースに保存されていることがわかりました。今回は手元にそのデータをダウンロードするという前提で進めましょう。

データ観察

前のステップでダウンロードしたデータを観察していきましょう。このステップの目的は、いくつかありますが、一言でいえば、実際にどんなデータなのかを確認することです。

pandasを使ってデータを読み込んでみましょう。全体のコードは書籍のリポジトリに公開していますので、そちらをご参照ください。

```
import pandas as pd
df = pd.read_csv("realestate_train.csv")
df.head()
```

	rent_price	house_area	year_from_built	distance	built_date	balcony_area	house_structure	floor	total_floor
0	81000.0	22.627647	21	360.0	2001-04-01	0.0	RC	4.0	10.0
1	119000.0	29.487423	11	720.0	2011-03-01	0.0	RC	3.0	10.0
2	65000.0	13.960667	32	640.0	1990-03-01	0.0	RC	3.0	6.0
3	230000.0	79.860208	13	480.0	2009-03-01	0.0	RC	15.0	29.0
4	102000.0	34.471313	23	320.0	1999-05-01	0.0	RC	2.0	7.0

各カラムは以下の内容を表しています。

- **rent_price**：賃貸価格
- **house_area**：広さ (m^2)
- **year_from_built**：築年数
- **distance**：駅からの距離 (m)
- **built_date**：建築日
- **balcony_area**：ベランダの広さ (m^2)
- **house_structure**：建物の構造
- **floor**：階数
- **total_floor**：建物の階数

予測したい値には、rent_price：賃貸価格を使います。

⊘ 特徴量エンジニアリング

　ここで、特徴量エンジニアリングについて説明をしますが、その前に「特徴量とはそもそも何か？」について解説します。

⊘ 特徴量とは

　特徴量とは、モデルがデータを学習や予測に利用する際に利用するデータのことです。Chapter 1でも登場した次の図を使って説明します。

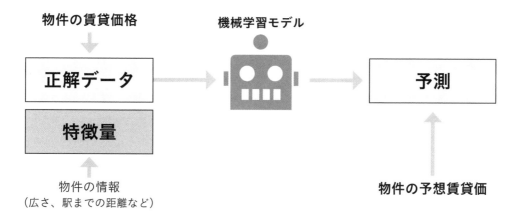

　今回のケースでは予測したい値は物件の賃貸価格です。予測したい値に対して正解データを準備する必要があります。ここでは過去の物件の賃貸価格のデータが正解データになります。

　特徴量は物件の賃貸価格の予測に必要な情報、ここでは、例えば物件の広さや駅までの距離になります。機械学習モデルはこういった情報を基に予測したい値、ここでは物件の賃貸価格を予測します。人間に置き換えるとわかりやすいかもしれません。皆さんがある物件を見せられて「この物件の賃貸価格はいくらぐらいだと思う？」と聞かれた場面を想定してみてください。恐らく多くの人が「広さがこのくらいで、駅からの距離がこのくらいで、最寄り駅が○○だから……」というように考えるかと思います。機械学習モデルもかなり大雑把に書いてしまえば、同じようなプロセスで予測を行っています。機械学習モデルにとっては特徴量は「予測のために使われる唯一の情報」です。

Chapter 1
Chapter 2
Chapter 3
Chapter 4
Chapter 5
Chapter 6

特徴量は機械学習モデルの精度を向上させる上で、非常に重要です。特徴量はいま書いたとおり「予測のために使われる唯一の情報」なので、よい特徴量を選択することで、モデルの予測精度が大きく向上する可能性があります。逆に、不適切な特徴量を用いると、いかに機械学習モデルに使われるアルゴリズムがよかったとしても精度の向上は見込めません。

▶ 特徴量エンジニアリングとは

　それでは特徴量エンジニアリングとは何でしょうか？　特徴量エンジニアリングとは、特徴量を生成することをいいます。いま例に出したのが物件の広さや駅までの距離だったので「生成する必要はあるのか？」と思われた方もいるかもしれません。特徴量には「元データをそのまま使う特徴量」と「元データを加工して生成する特徴量」の2種類が存在します。

　「元データをそのまま使う特徴量」はいま説明した物件の広さや駅からの距離です。一方「元データを加工して生成する特徴量」としては、「物件の過去1年間の賃貸価格の変動」や「建物構造」があります。「物件の過去1年間の賃貸価格の変動」は元データになく、元データをベースに加工して特徴量を生成する必要があります。建物構造は元データに存在しているのですが、「RC」「鉄骨」のようなカテゴリデータになっているため、機械学習モデルに入力できません。カテゴリデータは専用の加工方法があります。Section5-3で詳しく説明しています。

　このSectionでは、まずは機械学習プロジェクトの全体にフォーカスして理解してほしいので、「元データをそのまま使う特徴量」のみ使います。具体的には次の2つを使います。

- **house_area**：広さ（m^2）
- **distance**：駅からの距離（m）

▶ アルゴリズムの選定・評価指標の選定

　今回は、実数値の予測をします。このようなケースでは回帰アルゴリズムを使うと覚えておきましょう。ほかの実数値予測の例は、店舗の売上予測、需要予測など多岐にわたります。機械学習プロジェクトに際しては、まずこの回帰アルゴリズムが適用できるか考えてみましょう。

回帰アルゴリズムを適用するために、**scikit-learn**というライブラリを使います。本書では機械学習モデルの学習、予測に基本的にscikit-learnというライブラリを使います。scikit-learnは、Pythonの代表的な機械学習ライブラリの1つです。機械学習モデルを構築しようと思ったら、まずscikit-learnにないか確認してみてください。

　scikit-learnに興味があれば、一つひとつのアルゴリズムをscikit-learnのドキュメントで読んでみてください。

• scikit-learnドキュメント
https://scikit-learn.org/stable/

　さて、scikit-learnを使って回帰アルゴリズムを実装してみましょう。しかし、回帰アルゴリズムと一口にいってもその種類は多岐にわたります。scikit-learnの教師あり学習のページを眺めて、さまざまなものがあることを確認してみてください。

• scikit-learn：1. Supervised learning
https://scikit-learn.org/stable/supervised_learning.html

　では、いまどのアルゴリズムを使えばよいか、という話をします。1つの正解はなく、ここで断言することは正直難しいのですが、個人的には最初はRidge Regressionを使うことをおすすめしています。理由はアルゴリズムや結果の解釈がしやすく、結果も安定することが多いからです。今回もRidge Regressionを使いたいと思います。

⟩ 機械学習モデルの学習

　それではいよいよ学習に移りましょう。データはデータ観察ステップで読み込んだものを使います。
　まずは全体のコードを載せます。

Chapter 1
Chapter 2
Chapter 3
Chapter 4
Chapter 5
Chapter 6

```
# 1. Ridge Regressionモデルクラスの読み込み
from sklearn.linear_model import Ridge

# 2. 特徴量と正解データの設定

# 予測したい列(正解データ)
target_col = rent_price
# 使いたい特徴量
feature_cols = ['house_area', 'distance']
# dfはデータ観察で読み込んであります。
# モデルの学習を行うために「X: 特徴量」「y: 正解データ」に分割します
y = df[target_col]
X = df[feature_cols]

# 3. モデルの学習

# モデルの初期化
model = Ridge()
# モデルの学習
model.fit(X, y)
```

ステップごとに解説します。

▶ 1. モデルクラスの読み込み

最初にモデルクラスであるRidgeをscikit-learnからimportしています。ここでほかのアルゴリズムを使いたい場合は別のクラスを読み込みます。

```
# Ridge Regressionモデルの読み込み
from sklearn.linear_model import Ridge
```

2. 特徴量と正解データの設定

　機械学習アルゴリズムに学習させるときは基本的に、特徴量と正解データを別々に読み込ませる必要があります。正解データは家賃、特徴量はhouse_area：広さ (m^2) と distance：駅からの距離 (m)の2つを使います。一般的に、変数名は正解データや予測したい列を y、特徴量をXで表すことが多いです。

```
# 予測したい列(正解データ)
target_col = rent_price
# 使いたい特徴量
feature_cols =['house_area', 'distance']
# dfはデータ観察で読み込んであります。
y = df[target_col]
X = df[feature_cols]
```

3. モデルの学習

　さて、これで準備はできました。モデルの学習をします。コードを紹介します。

```
# モデルの初期化
model = Ridge()
# モデルの学習
model.fit(X, y)
```

　なんとこれだけで完了です。いま使っているscikit-learnを始めとして、一般的によく使われる機械学習ライブラリはこのようにうまく抽象化されており、簡単に学習を行うことができます。

　Ridgeクラスではパラメータを設定でき、上記の例では指定なしでデフォルト値が使われますが、次のようにパラメータを設定できます。

```
# パラメータ付きのモデルの初期化
model = Ridge(alpha=1.4)
```

Chapter 1

Chapter 2

Chapter 3

Chapter 4

Chapter 5

Chapter 6

このパラメータを**ハイパーパラメータ**と呼びます。ハイパーパラメータは「どのように学習を行うか」を指定するために使います。なぜハイパーパラメータと呼ぶかというと、機械学習アルゴリズム内部で学習されるものはパラメータと呼ばれるのですが、このパラメータと区別するためです。「どのように学習を行うか」を指定するためのパラメータをハイパーパラメータと呼んでいます。

⊘ 機械学習モデルの評価

さて、学習したモデルの評価を行いましょう。評価をする、というのは簡単にいうと「このモデルで予測した結果がどのくらい当たっているのか計測する」ということです。評価をする一般的な方法は「学習したデータに対して予測を行い、正解と比較する」方法です。

さて、学習したデータに対して予測を行ってみましょう。次のコードで予測を行うことができます。

```
# 学習したモデルを用いて予測を行う。
df["pred_rent_price"] = model.predict(X)
# 予測値と正解の値のみに絞って比較する。
df[["rent_price", "pred_rent_price"]].head()
```

	rent_price	pred_rent_price
0	81000.0	93257.478559
1	119000.0	102825.371568
2	65000.0	74754.139652
3	230000.0	198256.385738
4	102000.0	115551.833713

このpred_rent_priceカラムの数字が予測結果です。今回では予測された賃貸価格ということになります。10万円前後の物件が10万円前後で予測されていたり、20万円前後の物件が20万円前後で予測されていたりと大雑把には当たっていそうです。しかし、細かく見ていくと、例えば1行目を見ると本当の値が**81000.0**に対して予測結果が **93257.478559** と約12000円のずれが生じていることがわかります。

このように1行1行見ていくのも1つの方法ですが、途方もなく時間がかかってしまうので、一般的にはさまざまな**評価指標**を用いて計算します。

scikit-learnのmodel evaluationページを見ると一般的な評価指標の一覧を見ることができます。

• 3.3. Metrics and scoring: quantifying the quality of predictions
https://scikit-learn.org/stable/modules/model_evaluation.html

今回は評価指標としてMAE（Mean Absolute Error, 平均絶対値誤差）を用います。MAEとは、正解値と予測値の差の絶対値で平均を取ったものです。例えば、前述したように1行目では約12000円の差がありましたが、これを1行1行計算していき、その平均を取るような方法です。

次のコードで計算できます。

```
from sklearn.metrics import mean_absolute_error
print(mean_absolute_error(df["rent_price"], df["pred_rent_price"]))
# => 17763.514918603825
```

Chapter 1
Chapter 2
Chapter 3
Chapter 4
Chapter 5
Chapter 6

▶ 評価指標は計算できましたが…

MAEが17763なので、平均して正解値と予測値で17763円のずれがあることがわかりました。「この値はよいのか、悪いのか」と思われた方もいらっしゃるでしょう。申し訳ないのですが、この値に対する絶対的な「よい、悪い」という基準はありません。最終的には「この予測結果がどう使われるか」によって変わります。

今回のケースを振り返ると「新しい物件の賃貸の価格決定を行いたい」というものでした。物件の賃貸価格を考えると、17763円のずれというのは大きな差に思えます。ここで選択肢が2つ考えられます。「1. 精度を許容範囲まで高める」「2. 人間のサポートを前提としてプロセスを構築する」という2つです。「2. 人間のサポートを前提としてプロセスを構築する」がどういうことかというと、例えば機械学習モデルの予測値はあくまで参考値として用い、そこから人間が微調整するという方法です。実際のプロジェクトでは「1. 精度を許容範囲まで高める」を時間や労力をかけて行うより、2を選んでしまった方が現実的なことも多々あります。

少し話が脱線しましたが、精度の良し悪しを判定するにはどういった使い方をされるかによって異なります。フェーズA：ビジネス課題分析での結果を踏まえて検討するようにしてください。

▶ 未知のデータに対する精度：汎化性能

今回は学習データに対して予測を行い、予測値と正解値を比較しました。実はこれはシンプルな方法ですが、正確な方法ではありません。というのも、学習データというのは機械学習モデルがすでに知っているデータなので、精度が高くなってしまうのです。これは「漢字ドリルで学習をして、同じ問題をもう1回解いている」状態に近いです。より高性能なモデルを構築するには「漢字ドリルで学習をして、全く別の問題を解く」という方法を採る必要があります。この未知のデータに対する精度がよいことを汎化性能といい、**汎化性能**を測定する手法を**クロスバリデーション**といいます。それぞれChapter 5で詳しく解説します。

Chapter 1

Chapter 2

Chapter 3

Chapter 4

Chapter 5

Chapter 6

機械学習モデルを使った予測

あなたは機械学習モデルの評価を行い、ビジネス上の目的が達成できる精度を得られました。それでは実際に家賃がまだついていないデータに対して予測を行ってみましょう。リポジトリにデータを用意しているので、次のコードでデータを読み込んでください。

```
df_pred = pd.read_csv("realestate_pred.csv")
df_pred.head()
```

	house_area	year_from_built	distance	built_date	balcony_area	house_structure	floor	total_floor
0	27.688916	17	360.0	2005-04-01	0.0	RC	11.0	11.0
1	34.501054	1	1040.0	2021-08-01	0.0	RC	4.0	7.0
2	20.243089	34	1000.0	1988-03-01	0.0	鉄骨	1.0	4.0
3	50.870947	33	520.0	1989-06-01	0.0	RC	4.0	4.0
4	65.707831	30	480.0	1992-01-01	0.0	鉄骨	3.0	4.0

表のようにrent_priceがないデータになっています。

さて、先ほど学習したモデルを使って予測を行ってみましょう。注意点としてはscikit-learnなどメジャーな機械学習ライブラリでは、**学習済みのモデルには常に同じ順番で同じ特徴量を渡す必要があります。**

例えば、feature_colsは次のような順番でカラム名が入っています。先ほど学習したときもこの順番で入力しました。そのため、予測の際も同じ特徴量を同じ順番で渡す必要があります。ここは間違えやすいのでご注意ください。

```
feature_cols = ['house_area', 'distance']
# 注意: feature_cols = ['distance', 'house_area'] では間違った結果になる
```

```
# 使った特徴量だけに限定
X_pred = df_pred[feature_cols]
# 予測を行う
X_pred["pred_rent_price"] = model.predict(X_pred)
# 先頭を表示
df_pred.head()
```

house_area	distance	pred_rent_price
27.688916	360.0	102635.524754
34.501054	1040.0	109321.714832
20.243089	1000.0	83252.251785
50.870947	520.0	144192.887622
65.707831	480.0	172033.388967

　はい、先ほど見たデータにpred_rent_priceカラムが追加されていることがわかります。この値がモデルで予測された値です。

　これで、機械学習アルゴリズムを使った予測を行うことができました。意外とあっさりと進んだのではないでしょうか。近年ではscikit-learnを始めとしてユーザーフレンドリーなライブラリが多く存在しているので、複雑なロジックの実装をする必要なく、機械学習を利用できます。

Chapter 1
Chapter 2
Chapter 3
Chapter 4
Chapter 5
Chapter 6

Section 02 まとめ

　あなたは無事に新しい物件の賃貸価格を予測できました。ある程度誤差がある前提で、この予測結果を最終的にスタッフが確認し、微修正して決定することにしましたが、周辺相場の調査などの手間が大幅に削減でき、業務効率を大幅に上げられました。

　このSectionでは最も基本的な機械学習アルゴリズムである回帰アルゴリズムを中心に機械学習プロジェクトの進め方をプロジェクトテンプレートに基づいて説明しました。コードだけ見てみると想像より簡単だと思われた方も多いのではないでしょうか。

　もちろん、機械学習を勉強しているとさまざまな複雑なアルゴリズムや特徴量生成の方法や評価指標などが出てきます。しかし、骨格にあるのはこのプロセスです。まずは、この骨格を頭にしっかりと入れた上で機械学習のバリエーションを学んでいきましょう。

参考文献

- 『scikit-learn データ分析 実践ハンドブック』毛利 拓也、北川 廣野、澤田 千代子、谷 一徳（2019）秀和システム
- 『[第3版] Python機械学習プログラミング』Sebastian Raschka、Vahid Mirjalili、株式会社クイープ、福島 真太朗（2020）インプレス
- 『スッキリわかるPythonによる機械学習入門』須藤秋良、株式会社フレアリンク（2020）インプレス
- 『機械学習のエッセンス』加藤 公一（2018）SBクリエイティブ

Section
03
分類アルゴリズム:
社員の退職を予測しよう

　さて、1つ前のSectionで回帰アルゴリズムを学びました。このSectionでは回帰アルゴリズムと対をなす機械学習でもう1つの最も一般的なアルゴリズムの1つである分類アルゴリズムについて学んでいきましょう。

　あなたは、とある商社に勤務しています。業績は好調でしたが、増え続ける仕事量のせいか、離職率の増加が近年深刻な問題になってきました。ある日、あなたは上司から「会社のデータベースの情報と機械学習を使って離職率を下げる方法はないか」と要望を受けました。なかなか難しそうな話です。さぁ、どうするか考えてみましょう。

Chapter 1

Chapter 2

Chapter 3

Chapter 4

Chapter 5

Chapter 6

フェーズA　ビジネス課題分析

⊳ 解決したい課題は何か？

　今回のリクエストは「会社の離職率を下げる」ですが、このリクエストにどういった背景があるかを考えたり、質問したりすることが重要です。上司や関係するメンバーへのヒアリングを行った結果、次のような背景があることがわかりました。

- 退職をする社員は直前の残業時間が明らかに多い傾向がある
- 退職をする社員は直前のモチベーションが低い
- 退職しそうな社員がわかっていれば、仕事量を減らすように部署にリクエストしたり、人事部によるサポートプログラムの実施が行えたりする

　背景は整理できました。「会社にある情報を基に退職しそうな社員の予測」を行えば、離職率を下げる施策を行える可能性がありそうです。

⊳ 予測したい値は何か？　どんなアクションに使えるか？

　「会社にある情報を基に退職しそうな社員の予測」を機械学習の世界に適用できるように考えてみます。機械学習の世界には分類アルゴリズムというものがあります。これは例えば果物の画像を入力して「その画像がりんごなのか、みかんなのか」を判別するアルゴリズムです。

　今回はこのアルゴリズムを使って「退職の可能性が高い社員なのか、そうでない社員なのか」という判別を行えそうです。また、その結果を用いて仕事量を減らすように部署にリクエストしたり、人事部によるサポートプログラムの実施が行えたりしそうです。

⟩ 特徴量として何が使えるか

あなたは会社のデータベース一覧を調べ、次の情報を使えることがわかりました。

- 社員の属性
- 社員の勤務状況
- 社員の労働環境に関するアンケート結果

今回はこのデータを用いて機械学習プロジェクトを進めましょう。

フェーズB　データ分析、機械学習

フェーズBの項目をおさらいしましょう。フェーズBでは次のような作業を行います。

- データ収集
- データ観察
- 特徴量エンジニアリング
- アルゴリズムの選定・評価方法の選定
- 機械学習モデルの学習
- 機械学習モデルを使った予測
- 機械学習モデルの評価

⟩ データ収集

　まず、プロジェクトを始めるためにデータを収集していきましょう。フェーズAで使えることがわかった社員情報、勤務情報などは会社のデータベースに保存されているため、今回は手元にそのデータをダウンロードするという前提で進めましょう。

🔵 データ観察

前のステップでダウンロードしたデータを観察していきましょう。このステップの目的は、一言でいえば、実際にどんなデータなのかを確認することです。

pandasを使ってデータを読み込んでみましょう。全体のコードは書籍のリポジトリに公開していますので、そちらをご参照ください。

```python
import pandas as pd
df = pd.read_csv("employee_train.csv")
df.head()
```

	leaving	gender	age	job_role	job_satisfaction	environment_satisfaction	over_time	income
0	1	女性	41	営業責任者	4	2	1	1198.6
1	0	男性	49	研究員	2	3	0	1026.0
2	1	男性	37	技術者	3	4	1	418.0
3	0	女性	33	研究員	3	4	1	581.8
4	0	男性	27	技術者	2	1	0	693.6

各カラムは次の内容を表しています。

- **leaving**：離職したかどうか
- **gender**：性別
- **age**：年齢
- **job_role**：職種
- **job_satisfaction**：仕事に対する満足度（1-5の5段階評価）
- **environment_satisfaction**：職場環境に対する満足度（1-5の5段階評価）
- **over_time**：残業が多かったか（0：少なかった、1：多かった）
- **income**：年収

予測したい値として、leaving：離職したかどうかを使いましょう。

▶ 特徴量エンジニアリング

さて、データの概要が確認できたので特徴量エンジニアリングをしていきましょう。Section2-1のおさらいになりますが、特徴量には「元データをそのまま使う特徴量」と「元データを加工して生成する特徴量」の2種類が存在します。このSectionでも分類問題は何かを理解してもらうために「元データをそのまま使う特徴量」のみを用います。次のデータを特徴量として使用することにします。

- **age**：年齢
- **job_satisfaction**：仕事に対する満足度（1-5の5段階評価）
- **environment_satisfaction**：職場環境に対する満足度（1-5の5段階評価）
- **over_time**：残業が多かったか（0：少なかった、1：多かった）
- **income**：年収

▶ アルゴリズムの選定・評価指標の選定

今回は、カテゴリ値（離職するか、しないか）の予測をします。このようなケースでは分類アルゴリズムを使うと覚えておきましょう。ほかのカテゴリ値予測の例は、「クレジットカード不正検知」「スパム検知」「カテゴリ分類」など多岐にわたります。機械学習プロジェクトに際しては、前Sectionで取り扱った回帰アルゴリズムか分類アルゴリズムが適用できるか考えてみましょう。

分類アルゴリズムの種類は多岐にわたります。例えば、scikit-learnの教師あり学習のページを眺めて、さまざまなことを確認してみてください。

- scikit-learn公式ドキュメント 1. Supervised learning
https://scikit-learn.org/stable/supervised_learning.html

興味があれば、『scikit-learn データ分析 実践ハンドブック』を読んだり、一つひとつのアルゴリズムをscikit-learnのドキュメントで読んでみたりしてください。

では、いまどのアルゴリズムを使えばよいか、という話をします。1つの正解はなく、ここで断言することは難しいのですが、個人的には最初はLogistic Regressionを使うことをおすすめしています。理由はアルゴリズムや結果の解釈がしやすく、アルゴリズムもシンプルで理解しやすいことです。今回はLogistic Regressionを使いたいと思います。その後、上述した本を含め、機械学習のアルゴリズムを解説している記事や本を読み、さまざまなアルゴリズムにチャレンジしてみてください。

　それではいよいよ学習に移りましょう。データはデータ観察ステップで読み込んだものを使います。

　まずは全体のコードを載せ、ステップごとに解説します。

```python
# 1. Logistic Regressionモデルクラスの読み込み
from sklearn.linear_model import LogisticRegression

# 2. 特徴量と正解データの設定

# 予測したい列(正解データ)
target_col = 'leaving'

# 使いたい特徴量
feature_cols = ['age', 'job_satisfaction', 'environment_satisfaction',
'over_time', 'monthly_income']

# dfはデータ観察で読み込んであります。
# モデルの学習を行うために「X: 特徴量」「y: 正解データ」に分割します
y_train = df[target_col]
X_train = df[feature_cols]

# 3. モデルの学習

# モデルの初期化
model = LogisticRegression()
# モデルの学習
model.fit(X_train, y_train)
```

▶ 1. モデルクラスの読み込み

最初にモデルクラスであるLogisticRegressionをscikit-learnからimportしています。
ここで、ほかのアルゴリズムを使いたい場合は別のクラスを読み込みます。

```
# Logistic Regressionモデルの読み込み
from sklearn.linear_model import LogisticRegression
```

▶ 2. 特徴量と正解データの設定

機械学習アルゴリズムに学習させるときは基本的に、特徴量と正解データを別々に読み込ませる必要があります。

正解データはleaving：離職したかしないか、特徴量はage：年齢, job_satisfaction：仕事に対する満足度(1-5の5段階評価), environment_satisfaction：職場環境に対する満足度(1-5の5段階評価), over_time：残業が多かったか(0：少なかった、1：多かった), income：年収を使います。

一般的に、変数名は正解データや予測したい列をy、特徴量をXで表すことが多いです。

```
# 予測したい列(正解データ)
target_col = 'leaving'

# 使いたい特徴量
feature_cols = ['age', 'job_satisfaction', 'environment_satisfaction',
'over_time', 'monthly_income']

# dfはデータ観察で読み込んであります。
# モデルの学習を行うために「X: 特徴量」「y: 正解データ」に分割します
y_train = df[target_col]
X_train = df[feature_cols]
```

Chapter 1

Chapter 2

Chapter 3

Chapter 4

Chapter 5

Chapter 6

▶ 3. モデルの学習

さて、これで準備はできました。モデルの学習をします。コードを下に載せます。

```
# モデルの初期化
model = LogisticRegression()
# モデルの学習
model.fit(X_train, y_train)
```

前Sectionと同じく、これだけで完了です。

LogisticRegressionクラスでも前Sectionで取り扱ったRidgeクラスと同じようにパラメータを設定でき、この例では指定なしでデフォルト値が使われますが、次のようにハイパーパラメータを設定できます。

```
# パラメータ付きのモデルの初期化
model = LogisticRegression( penalty='l1')
```

penaltyパラメータを使うことで、正則化のタイプを指定することができます。応用的な内容になるため本書では説明しませんが、気になる方はscikit-learnの公式ドキュメントをご参照ください。

▶ 機械学習モデルの評価

さて、学習したモデルの評価を行いましょう。次のコードで予測を行うことができます。

```
# 学習したモデルを用いて予測を行う。
df["pred_leaving"] = model.predict(X_train)
# 表示するカラムを予測値と正解の値のみに絞って比較する。
df[["leaving", "pred_leaving"]].head()
```

	leaving	pred_leaving
0	1	0
1	0	0
2	1	0
3	0	0
4	0	0

pred_leavingカラムの数字が予測結果です。今回では予測された離職するか(1)、離職しないか(0)の値ということになります。最初の5件に関しては離職した社員に対しても「離職しない」と予測してしまっています。

　このように1行1行見ていくのも1つの方法ですが、途方もなく時間がかかってしまうので、**評価指標**を用いて計算します。

　scikit-learnの model evaluationページを見ると一般的な評価指標の一覧を見ることができます。

- https://scikit-learn.org/stable/modules/model_evaluation.html

　今回は評価指標としAccuracyを用います。Accuracyとは、「予測された値が正解の割合」を表しています。次のコードで計算できます。

```
from sklearn.metrics import accuracy_score
accuracy = accuracy_score(df["leaving"], df["pred_leaving"])
print('Accuracy: ', accuracy)
# => Accuracy:  0.844
```

　今回は予測が約84%の確率で当たっていたようです。この数値だけ見るとまずまずといったところでしょうか。前章で書いたとおり、この精度がビジネス要件にマッチするかを検討してみてください。

機械学習モデルを使った予測

あなたは機械学習モデルの評価を行い、ビジネス上の目的が達成できる精度を得られたとします。それでは実際に現在の従業員のデータに対して予測を行ってみましょう。リポジトリにデータを用意しているので、次のコードでデータを読み込んでください。

```
df_pred = pd.read_csv("employee_pred.csv")
df_pred.head()
```

	gender	age	job_role	job_satisfaction	environment_satisfaction	over_time	monthly_income	income
0	女性	52	技術者	1	3	0	2950	590.00
1	女性	37	技術者	3	1	0	3629	725.80
2	男性	35	製造部長	4	3	0	9362	1310.68
3	男性	25	技術者	4	1	0	3229	645.80
4	男性	26	技術者	1	3	0	3578	715.60

このようにleavingカラムがないデータになっています。さて、先ほど学習したモデルを使って予測を行ってみましょう。繰り返しになりますが、注意点としてはscikit-learnなどメジャーな機械学習ライブラリでは、学習済みのモデルには常に同じ順番で同じ特徴量を渡す必要があります。

```
# 順番に注意
feature_cols = ['age', 'job_satisfaction', 'environment_satisfaction',
'over_time', 'income']

# 使った特徴量だけに限定
X_pred = df_pred[feature_cols]
# 予測を行う
X_pred["pred_leaving"] = model.predict(X_pred)
# 先頭を表示
df_pred.head()
```

Chapter 1
Chapter 2
Chapter 3
Chapter 4
Chapter 5
Chapter 6

	gender	age	job_role	job_satisfaction	environment_satisfaction	over_time	monthly_income	income	pred_leaving
0	女性	52	技術者	1	3	0	2950	590.00	0
1	女性	37	技術者	3	1	0	3629	725.80	0
2	男性	35	製造部長	4	3	0	9362	1310.68	0
3	男性	25	技術者	4	1	0	3229	645.80	0
4	男性	26	技術者	1	3	0	3578	715.60	0

　はい、先ほど見たデータにpred_leavingカラムが追加されていることがわかります。この値がモデルで予測された値です。

　これで、機械学習アルゴリズムを使った予測を行うことができました。全体として前Sectionで説明した回帰アルゴリズムと全体的な流れは同じことに気付いた方もいるでしょう。そのとおりで、scikit-learnを始めとする多くの機械学習ライブラリでは回帰アルゴリズムと分類アルゴリズムをうまく抽象化してくれているので、ほぼ同じように実装できます。ただ、出力結果や使うべき精度指標などは異なるので、その点にはご注意ください。

Section 03　まとめ

　あなたは無事現社員の退職を予測し、人事部によるサポートプログラムの実施を行い、全社的な離職率を下げられました。機械学習を用いてビジネス課題をうまく解決できたといえるでしょう。

　このSectionでは回帰アルゴリズムに並んで最も基本的な機械学習アルゴリズムである分類アルゴリズムを解説しました。前のSectionの回帰アルゴリズムと共通部分も多かったと思うので、復習も兼ねてどういった共通点や差があったか見返してみましょう。

Chapter

3

さまざまな
アルゴリズムを
体験しよう

難易度

Section
01　Chapter 3 について

イントロダクション

　Chapter 2で解説した基礎的な機械学習アルゴリズム、すなわち回帰と分類のアルゴリズムは、多岐にわたる問題解決に適用可能であり、その実用的な範囲は広大です。しかし、現実の問題領域はこれらのアルゴリズムだけでカバーできるものではありません。

　最新の技術トレンドやニュースで注目されている画像生成のようなAIテクノロジーを考えると、多くの新しいアプローチや領域が存在しています。本章では、回帰や分類を超えて最も一般的とされる「時系列アルゴリズム」「推薦アルゴリズム」「異常検知アルゴリズム」に焦点を当てます。

　それでは、このChapter 3で新たなアルゴリズムの紹介とその実用的な応用について紹介します。興味や必要性に基づいて、各Sectionを自由に読んでみてください。

さて、Chapter 2で機械学習アルゴリズムの中で最も一般的な回帰アルゴリズムと分類アルゴリズムについて学びました。この2つのアルゴリズムは汎用性が非常に高く、さまざまなユースケースに活用できます。実際、Pythonの機械学習ライブラリの中で最も有名なライブラリの1つである、scikit-learnやxgboost、LightGBMに含まれているアルゴリズムは基本的に回帰と分類です。世の中にある多くのユースケースは回帰アルゴリズムと分類アルゴリズムでカバーできるといえます。機械学習を使って何かしてみたいと思ったら、まず「回帰アルゴリズムと分類アルゴリズムで対応できないか」考えてみましょう。そのどちらかを活用するのが最も現実的に使いやすいでしょう。

しかし、機械学習で行えることは決して回帰と分類だけではありません。例えば、最近非常に話題になっている AI による画像生成などはどうなんだ？　と思った方もいるのではないでしょうか。まさに画像生成は回帰アルゴリズムでも分類アルゴリズムでもありません。ほかにそれ以外の主要なアルゴリズムとして次のようなアルゴリズムがあります。

- **時系列アルゴリズム**：未来のデータを予測する★
- **推薦アルゴリズム**：個人の趣向を基に商品などを推薦する★
- **異常検知アルゴリズム**：データの中で異常値を見つける★
- **クラスタリング**：データをグルーピングする
- **テキスト翻訳**：ある言語を別の言語に翻訳する
- **テキスト、画像、映像生成**：データを生成する

本書では、★が付いているものを解説します。その他のアルゴリズムに関しては申し訳ありませんが、本書では取り扱いません。というのも、これらを扱おうとすると一つひとつの領域を解説するために、深い背景知識が必要になるからです。近年、DeepLやChatGPT、Midjourneyなど、APIという形で利用できるサービスも増えています。無理に自分たちでモデルを学習するというより、そういったサービスを使うという方が賢い選択でしょう。

本書では、「時系列アルゴリズム」「推薦アルゴリズム」「異常検知アルゴリズム」を Chapter 2 と同様に事例をベースに解説します。どれも回帰アルゴリズムや分類アルゴリズムの次に頻出するものです。順番は問わずどれから読んでいただいても構いません。興味があるものやいま必要そうなものから読んでみてください。

Section 02 時系列予測アルゴリズム：商品の売上を予測しよう

イントロダクション

　あなたは、とあるレストランチェーンを運営する会社に勤務しています。ここ数年でレストランに人気が出てきて店舗数が20店舗まで増えました。営業は好調ですが、問題を1つ抱えています。それは食材の発注数や店舗のスタッフの稼働人数の調整です。客数に伴い、発注数やスタッフの人数を調整する必要があります。しかし、現在はこの調整を各店舗の「勘と経験」で行っています。実際のところ、経験豊富なスタッフだとうまくいくことが多いのですが、チェーンを拡大している関係で、必ずしも各店舗に十分な経験があるスタッフがいるわけではなく、予想を外してしまうことが頻発していました。

　そういった状況をなんとかしたいと考えた社長から、あなたは突然「機械学習で発注やスタッフの稼働人数の誤差を減らせないか」とざっくりとしたリクエストを受けました。さぁ、どうすればいいか考えてみましょう。

フェーズA　ビジネス課題分析

▷ 解決したい課題は何か？

　今回のリクエストは「発注やスタッフの稼働人数の誤差を減らすこと」ですが、このリクエストにどういった背景があるかを調べました。上司や関係するメンバーへのヒアリングを行った結果、次のような背景があることがわかりました。

- クリスマスシーズンなど季節や時期により客数（需要）は変動している
- レストラン自体の人気が上がってきており、そのトレンドも加味しないといけない
- 需要予測の経験がないと難しいため、発注などが勘や経験に頼ってしまっている

　背景は整理できました。「季節や時期やトレンドに基づいて未来の需要を予想」すれば、発注やスタッフの稼働人数の誤差を減らす施策を行える可能性がありそうです。

▷ 予測したい値は何か？　どんなアクションに使えるか？

　「季節や時期やトレンドに基づいて未来の需要を予想」を機械学習の世界に適用できるように考えてみます。機械学習の世界には時系列予測アルゴリズムというものがあります。これは時間経過に伴って変動するデータの未来の変動を予測するものです。このアルゴリズムを使ってレストランの需要を予測できそうです。

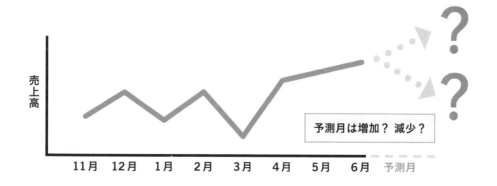

レストランの需要を予測できれば、経験が乏しいスタッフでも大体の発注数や稼働人数の予想ができそうです。あるいは需要から発注数や稼働人数を計算するシステム、あるいは機械学習モデルを作れば全くスタッフの介在をなくせるかもしれません。そういった展望を考えつつ、第一歩として時系列アルゴリズムを用いた需要予測を行うことにしましょう。

> 特徴量として何が使えるか

あなたは社内のデータベースを調べ、次のデータが使えることがわかりました。

- 各店舗の毎日の来店客数

今回はこのデータを用いて機械学習プロジェクトを進めましょう。

フェーズB　データ分析、機械学習

フェーズBでは次のような作業を行います。

- データ収集
- データ観察
- 特徴量エンジニアリング
- アルゴリズムの選定・評価方法の選定
- 機械学習モデルの学習
- 機械学習モデルを使った予測
- 機械学習モデルの評価

> データ収集

　まず、プロジェクトを始めるためにデータを収集していきましょう。フェーズAで使えることがわかった各店舗の毎日の来店客数は会社のデータベースに保存されているため、今回は手元にそのデータをダウンロードするという前提で進めましょう。

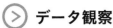 **データ観察**

　前のステップでダウンロードしたデータを観察していきましょう。このステップの目的は、使うデータが実際にどんなデータなのかを確認することです。

　pandasを使ってデータを読み込んでみましょう。全体のコードは書籍のリポジトリに公開していますので、そちらをご参照ください。

```
import pandas as pd
df = pd.read_csv("visitors.csv")
df.head()
```

	date	weather	temperature	visitors
0	2022-08-10	曇り	24.78264758497369	32
1	2022-08-11	曇り	22.80443357105494	58
2	2022-08-12	曇り	21.46073348694192	61
3	2022-08-13	曇り	23.35200761783888	75
4	2022-08-14	曇り	24.869969859886734	39

　各カラムは次の内容を表しています。

- **date**：日付
- **weather**：天気
- **temperature**：気温
- **visitors**：来客者数

　フェーズAで予測したい値は「各店舗の毎日の来店客数」だと分析しました。それに当たるのはvisitors：来客者数なので、この値を予測対象として利用します。

特徴量エンジニアリング

さて、データの概要が確認できたので特徴量エンジニアリングをしていきましょう。時系列予測アルゴリズムではいくつか重要なポイントがあります。

いままで紹介したアルゴリズムでは、「特徴量、正解データ」というデータの分類をしてきました。多くの時系列予測アルゴリズムではこの考え方と異なるデータの取り扱い方をします。基本的に「時間を表すデータ、実際の値」の組み合わせで、学習、予測を行います。つまり、今回の例でいうと「date」カラムと「visitors」カラムのみを使います。

	date	visitors
0	2022-08-10	32
1	2022-08-11	58
2	2022-08-12	61
3	2022-08-13	75
4	2022-08-14	39

「特徴量を使わないの？」と思われた方もいるかもしれません。実は時系列モデルと特徴量を組み合わせるのは、できないわけではないのですが、少し難しいテクニックが必要になります。また、多くの時系列アルゴリズムが「時間を表すデータ、実際の値」を基本に考えられているので、本書ではその基本をまずは学びましょう。その後、参考文献などで特徴量を組み合わせる方法を学んでみてください。

アルゴリズムの選定・評価指標の選定

アルゴリズムの選定・評価指標の選定をしていきましょう。時系列アルゴリズムとして代表的なものとして次のものが挙げられます。

1. **Exponential Smoothing（指数平滑法）**：過去の観測値を重み付けして予測する方法で単純な予測ではよい結果を得られます。
2. **ARIMA（AutoRegressive Integrated Moving Average）**：自己回帰（AR）、差分（I）、移動平均（MA）の3つの部分からなる時系列モデルでExponential Smoothingより複雑な

時系列データを予測することが可能です。

3. **Prophet**：Facebookが開発したアルゴリズムで日次の時系列データに最適化されています。トレンド、季節性、特定のイベントを考慮した予測を行い、解釈がしやすく精度もよいことが強みです。

今回は、入門用として取り扱いやすいExponential Smoothing（指数平滑法）を用います。このあと紹介するDartsというライブラリでは、モデルの入れ替えが簡単にできるので、ARIMAやProphetも簡単に試すことができます。

▶ Exponential Smoothing（指数平滑法）

Exponential Smoothingについてもう少し詳しく説明します。Exponential Smoothingは、新しい観測値が得られるたびに、過去の観測値よりも新しい観測値に重みを大きく与えることで、予測をアップデートしていく手法です。

予測式は次のようになります。

$$\widehat{y}_{t+1} = a\,y_t + 1 - a\,\widehat{y}_t$$

ここで、aは平滑化パラメータで、0と1の間の値を取ります。新しい観測値と前回の予測値の間のトレードオフを制御するために用い、この値が高いほど新しい観測値に重きが置かれ、低いほど過去の予測値に重きが置かれます。y_tは時刻tでの実際の観測値、$\widehat{y}_t$は時刻tでの予測値を表します。

感覚的に説明すると、いままで全ての観測値の傾向を考慮しつつ、直近の観測値の傾向はより重視して予測モデルを構築するアルゴリズムです。

▶ 評価指標

時系列モデルを評価する評価指標として、代表的なものは次のとおりです。

- **MSE（平均二乗誤差）**：実際の値と予測値の差の二乗の平均を取る指標
- **MAE（平均絶対誤差）**：実際の値と予測値の絶対値の差の平均を取る指標
- **RMSE（平均二乗誤差の平方根）**：MSEの平方根を取る指標

- **MAPE（平均絶対パーセント誤差）**：実際の値と予測値の差の絶対値のパーセンテージの平均を取る指標

この中で今回はMAPEを用います。また「機械学習の評価」でもう少し詳しく説明します。

▶ Darts

このSectionでは時系列データ、時系列アルゴリズムを扱うために作られたライブラリDartsを使います。

- Darts

https://unit8co.github.io/darts/index.html

Dartsは、Pythonで実装されたオープンソースの時系列予測ライブラリです。Dartsは、機械学習や統計学に基づく時系列予測モデルの実装をサポートし、高品質な時系列予測を行うことができます。

Dartsを使うことで、scikit-learnと同じようなインターフェースで時系列アルゴリズムの学習を行うことができ、非常に便利です。Dartsが登場する前は、さまざまな時系列アルゴリズムを扱うライブラリが点在していて学習コストが非常に高かったのですが、Dartsによって時系列アルゴリズムを取り扱う障壁がかなり低くなりました。

Dartsには、次のような特徴があります。

- **さまざまな時系列モデルのサポート**：Dartsは、ARIMA、Exponential Smoothing、Prophetなど、さまざまな時系列モデルの実装をサポートしています。
- **時系列モデルに関わるさまざまな機能**：Dartsは、時系列データに対する可視化やクロスバリデーションのサポートを提供しています。

Dartsのインストールは、ほかのライブラリと同じpipコマンドで行えます。

```
pip install u8darts
```

詳しくは公式リポジトリのINSTALL.md (https://github.com/unit8co/darts/blob/master/INSTALL.md) をご覧ください。

Dartsを使ってモデルの学習、予測を行うためにはpandasのDataFrameではなく、独自の
TimeSeriesクラスを用いる必要があります。TimeSeriesクラスは次のようにpandasの
DaraFrameから作成できます。その際、time_colとvalue_colsを指定します。time_colが時
系列を表すカラム、value_colsには予測したいカラムを指定してください。

　ime_colとvalue_colsを指定します。詳しい使い方はDartsのマニュアルをご確認ください。
https://unit8co.github.io/darts/userguide/timeseries.html#creating-timeseries

```
from darts.timeseries import TimeSeries
series = TimeSeries.from_dataframe(df, time_col="date", value_cols=["visitors"])
```

　plotメソッドを呼び出すことでTimeSeriesインスタンスを可視化できます。図のように、来
客数は大きく変動を繰り返しながら上昇していることが確認できます。

```
series.plot()
```

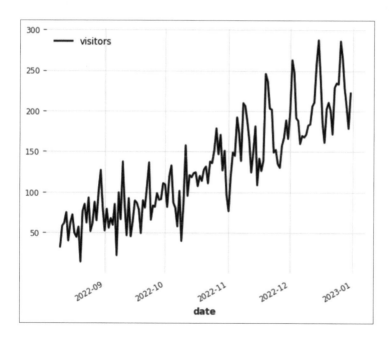

Chapter 1
Chapter 2
Chapter 3
Chapter 4
Chapter 5
Chapter 6

▶ 機械学習モデルの学習

まずは全体のコードを載せます。

```python
# 1. ExponentialSmoothingモデルクラスの読み込み
from darts.models import ExponentialSmoothing

# 2. モデルの学習

# seriesはデータ観察で読み込んであります
# モデルの初期化
model = ExponentialSmoothing()
model.fit(series)
# モデルの学習
model.fit(series)
```

ステップごとに解説します。

▶ 1. モデルクラスの読み込み

最初にモデルクラスであるExponentialSmoothingをdarts.modelsからimportしています。ここでほかのアルゴリズムを使いたい場合は別のクラスを読み込みます。

```python
# 1. ExponentialSmoothingモデルクラスの読み込み
from darts.models import ExponentialSmoothing
```

Chapter 2ではscikit-learnからモデルクラスをimportしていましたが、今回はdartからimportしています。

dartのインターフェースはscikit-learnを模しているので、これ以降のコードの書き方はそこまで大きく変わりません。これは、dartを使う大きなメリットです。それでは、見ていきましょう。

2. モデルの学習

さて、これで準備はできました。モデルの学習をします。コードを載せます。

```
# モデルの初期化
model = ExponentialSmoothing()
# モデルの学習
model.fit(series)
```

Dartsではscikit-learnと同じようにfitメソッドを使うことで学習を行うことができます。詳しくはDartsのマニュアルをご覧ください。

• Darts: User Guide

https://unit8co.github.io/darts/userguide/torch_forecasting_models.html#top-level-look-at-training-and-predicting-with-chunks

機械学習モデルの評価

さて、学習したモデルの評価を行いましょう。まずは学習したモデルを使って予測をしてみましょう。次のコードで予測を行うことができます。

```
prediction = model.predict(36)
series[-72:].plot()
prediction.plot(label="forecast")
plt.legend()
```

ここで`predict(36)`というのは36期分、つまり今回だと36日分の未来を予測する、ということを意味しています。

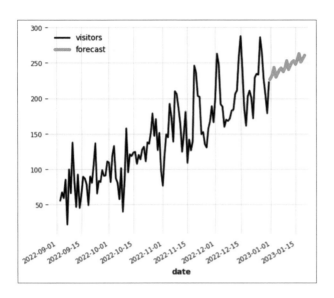

この青いラインが予測値です。この予測値がどれくらい正しいかを評価する必要があります。

さて、ここで問題が出てきました。予測値は未来の値なので、正解がわからないということです。ここで用いるのがクロスバリデーションです。

Chapter 2では説明をシンプルにするためにスキップしたのですが、クロスバリデーションとは、データを「学習用データ」と「テスト用データ」という2つのグループに分割し、「学習用データ」で学習、「テスト用データ」で評価を行う、という手法です。

ポイントは「学習用データ」で学習を行う際に「テスト用データ」を使わない、つまり知らないようにして学習することです。これにより、「テスト用データ」が仮想的な「将来のデータ」になります。「テスト用データ」でモデルの評価を行うことで、より正確にモデルを評価することが可能です。詳しくはChapter 5で説明しています。

一般的には、時系列モデルに対してクロスバリデーションを行う際には、少し手間が必要なのですが、Dartsを使うと簡単にクロスバリデーションも行えます。これもDartsを使うことのメリットです。

次のコードでクロスバリデーションのためのデータ分割を行えます。36期分、つまり最新の36日分のデータをテスト用データとし、残りを学習用データとして利用します。

```
train, test = series[:-36], series[-36:]   # 最新の36期分をテスト用データ(test)、
それより前のデータを学習用データ(train)として分割
train.plot(label="training")
test.plot(label="validation")
```

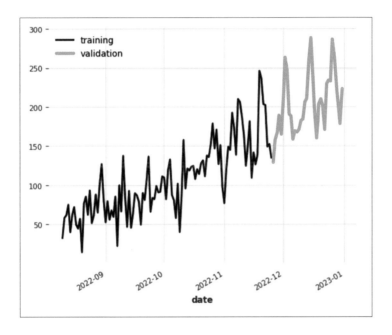

　青い線がテスト用データです。テスト用データを目隠しした状態で学習し、テスト用データの期間を予測することで精度を計測できます。それを行うのが次のコードです。

Chapter 1
Chapter 2
Chapter 3
Chapter 4
Chapter 5
Chapter 6

```
from darts.models import ExponentialSmoothing

model = ExponentialSmoothing()
model.fit(train)

prediction = model.predict(36)   # 36期先まで予測
series[-72:].plot()   # 全て表示すると見にくいので直近72期のみ表示するようにする
prediction.plot(label="forecast")
plt.legend()
```

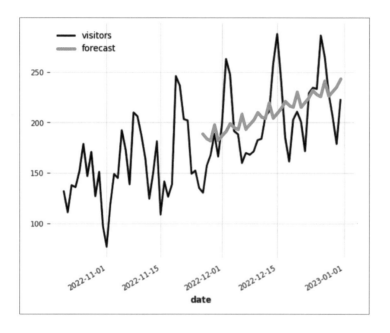

　これで予測部分と実測値を比較できました。周期的なスパイクを捉えられてはいませんが、大まかなトレンドと変動は捉えられていそうです。周期的なスパイクを捉えるようにするためには別の周期性を捉えるためのモデルを代わりに使ったり、あるいは複数のモデルを組み合わせて使ったりする方法があります。そういった手法を使って改善していくために、現時点での精度を1つの指標で表しましょう。今回は評価指標としてMAPEを用います。

MAPE（Mean Absolute Percentage Error/平均絶対パーセント誤差）は、機械学習モデルの予測精度を評価するための指標の1つで、予測値と実測値の相対的な誤差の平均値を表します。MAPEは、予測の大きさに依存しないため、異なるスケールのデータを扱う場合に有用です。

　例えばMAPEが5％であれば、「予測は正解に比べて、おおむね5％程度ずれる」と理解しておきましょう。次のコードで計算できます。

```
from darts.metrics.metrics import mape
mape(prediction, test)
# => 12.969176115593372
```

　今回はMAPEが12.9つまり、正解に対して13％程度ずれる、という結果になりました。もう少し精度を上げたい場合はモデルの改善を行ってください。今回の数字は、目安程度に使うのであれば十分な数字かと思います。

⟩ 機械学習モデルを使った予測

　ここでは、機械学習モデルの評価を行い、ビジネス上の目的が達成できる精度を得られたとします。それでは実際に未来に対して予測を行ってみましょう。すでに記載したとおりになりますが次のコードで未来の予測を行うことができます。scikit-learnと同じくpredictメソッドを呼び出すことで予測を行います。その後、予測結果をplotしたものです。

```
import matplotlib.pyplot as plt

prediction = model.predict(30) # 30日後まで予測
series[-60:].plot()
prediction.plot(label="forecast")
plt.legend()
```

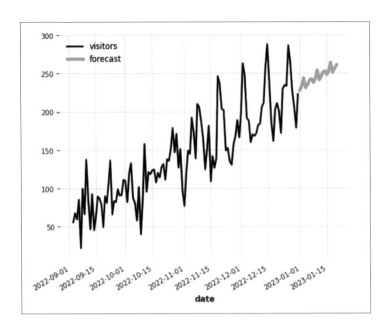

　これが一カ月後までの来客者の予測になります。前述したように、周期的な変動は捉えられていませんが、大枠は捉えられているので、発注数やシフト計画を従業員が考えていく上での参考情報には使えそうです。今回は説明用にシンプルなモデルにしましたが、実際にはもう少し精度を上げたい、と思うかもしれません。さまざまなモデルを試したり、平日、休日の情報をモデルに組み込めるProphetを使ったりすることで精度向上を行える可能性があります。ぜひ試してみてください。

Chapter 1

Chapter 2

Chapter 3

Chapter 4

Chapter 5

Chapter 6

Section 02 まとめ

　あなたは無事レストランの需要を予測するプログラムを完成させ、各店舗の発注数やシフト稼働人数の誤差を減らすことができました。

　このSectionでは時系列アルゴリズムを扱う場面、扱う上での注意点、時系列アルゴリズムを取り扱うライブラリDartsについて解説しました。Dartsのドキュメントは時系列データを扱う上での必要知識やアルゴリズムが網羅されていますので、より興味がある方は読んでみてください。また時系列アルゴリズムは大変奥深い世界ですので、知識をより深めたい方はぜひ、参考文献も読んでみてください。

参考文献

- 『時系列分析と状態空間モデルの基礎』馬場真哉（2018）プレアデス出版
- 『物体・画像認識と時系列データ処理入門[TensorFlow2/PyTorch対応第2版]』チーム・カルポ（2021）秀和システム
- 『時系列解析　自己回帰型モデル・状態空間モデル・異常検知　Advanced Python 1』島田直希（2019）共立出版
- 『Pythonによる時系列分析 』高橋威知郎（2023）オーム社

Section
03
レコメンドアルゴリズム：個人の趣向に沿った商品をおすすめしてみよう

　あなたはとあるおもちゃ会社に勤務しています。あなたの企業は動物のぬいぐるみやキーホルダーなどのおもちゃを主にECサイト経由で販売しています。固定のファンはいるのですが、新商品の販促がうまくいっていないのか、新商品の売上が伸び悩む傾向にありました。そこで会社として新商品のPRに力を入れていくことになりました。その方針を受けて、あなたの上司が「機械学習で新商品の売上アップのための施策を企画してくれないか」とリクエストしてきました。さぁ、どうするか考えましょう。

フェーズA　ビジネス課題分析

解決したい課題は何か？

　今回のリクエストは「機械学習で新商品の売上をアップしたい」ですが、このリクエストに
どういった背景があるかを考えてみましょう。上司や関係するメンバーへのヒアリングを行っ
た結果、次のような背景があることがわかりました。

- ECサイトで商品を買うには会員登録をする必要があり、会員に販促メールを送ることはで
  きる
- しかし、会社には子供向けから大人向け、あるいは男性向け女性向けの商品というような
  さまざまなジャンルを販売している関係で、毎月大量の新商品が販売されるため、新しい
  商品が出ても知らない顧客が多い
- また、同様の理由から新しい商品が出る度に会員全員に販促メールを送ることは現実的で
  はない
- 会社の商品には愛着をもってくれている顧客が多く、販促メールが適切に送られれば購入
  率は低くないと予想される

　背景は整理できました。「新商品を買ってくれそうなユーザーの予測」を行えば、新商品の販
促メールをそのユーザーに対して送信でき、売上アップにつながる施策になりそうです。

予測したい値は何か？　どんなアクションに使えるか？

　「新商品を買ってくれそうなユーザーの予測」を機械学習の世界に適用できるように考えてみ
ます。機械学習の世界にはレコメンドアルゴリズムというものがあります。これはユーザーの
過去の商品購入履歴などから商品をレコメンドするアルゴリズムです。有名なところだと
Amazonのおすすめ商品やNetflixのレコメンドの裏側で使われています。

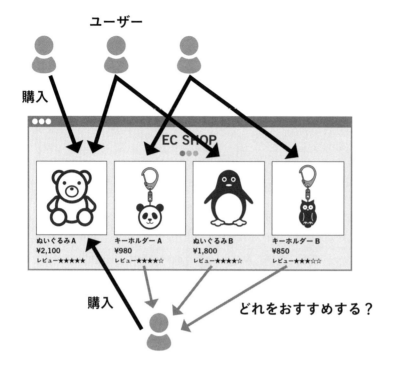

　このアルゴリズムを使って「各ユーザーに対しての新商品のおすすめの度合いを予測する」ことができそうです。そして、新商品に対してのおすすめの度合いが高いユーザーに対して販促メールを送ることで「新商品の売上のアップ」を目指せそうです。

Column	分類問題としては取り扱えないのか？

　ここで、Section2-2で紹介した分類アルゴリズムは使えないのか、と思われる方もいるかもしれません。結論からいってしまえば可能です。例えば「購入するか、しないか」を分類するモデルを構築すれば同じようなアクションに用いることができるでしょう。それでは、ここで紹介するレコメンドアルゴリズムのメリットは何でしょうか？　次に分類アルゴリズムの代わりにレコメンドアルゴリズムを用いる理由を紹介します。

- **複雑な相互作用**：レコメンドアルゴリズムは、ユーザーとアイテムの相互作用や関係性を考慮する必要があります。単純な分類アルゴリズムでは、このような相互作用を適切にモデリングするのは難しいことが多いです。
- **スパース性**：今回のようなケースではユーザーとアイテムの相互作用の行列は大部分が欠損している場合が多いです（後ほど実際のデータと合わせて説明します）。レコメンドアルゴリズムはこのスパース性を効果的に取り扱えるように設計されています。
- **順位付け**：レコメンデーションのタスクでは、商品をユーザーに対して順位付けすることが求められる場合が多いですが、分類アルゴリズムは、単純にカテゴリを予測するだけなので、順位付けのニーズを直接的に満たすことは難しいです。
- **コールドスタート問題**：新しいユーザーや商品がシステムに追加された際、そのユーザーや商品に関する過去のデータが不足していることが多いです。このような冷静期の問題を効果的に取り扱うための手法も、レコメンドアルゴリズムには組み込まれています。

　こういった理由から、ユーザーに対して商品を推薦する、というユースケースではレコメンドアルゴリズムを用いることが一般的です。

❯ 特徴量として何が使えるか

あなたは会社のデータベース一覧を調べ、次の情報を使えることがわかりました。

- **各ユーザーが各商品に対して付けたレビュースコア**

今回はこのデータを用いて機械学習プロジェクトを進めましょう。

Chapter 1
Chapter 2
Chapter 3
Chapter 4
Chapter 5
Chapter 6

フェーズB　データ分析、機械学習

フェーズBの項目をおさらいしましょう。フェーズBでは次のような作業を行います。

- データ収集
- データ観察
- 特徴量エンジニアリング
- アルゴリズムの選定・評価方法の選定
- 機械学習モデルの学習
- 機械学習モデルを使った予測
- 機械学習モデルの評価

❯ データ収集

まず、プロジェクトを始めるためにデータを収集していきましょう。

フェーズAで使えることがわかった「各ユーザーが各商品に対して付けたレビュースコア」は会社のデータベースに保存されていることがわかりました。今回は手元にそのデータをダウンロードするという前提で進めましょう。

❯ データ観察

前のステップでダウンロードしたデータを観察していきましょう。このステップの目的はいくつかありますが、一言でいえば、実際にどんなデータなのかを確認することです。

pandasを使ってデータを読み込んでみましょう。全体のコードは書籍のリポジトリに公開していますので、そちらをご参照ください。

```
import pandas as pd
df = pd.read_csv("animal_rating.csv", index_col=0)
df.head()
```

	犬	猫	ペンギン	イルカ	パンダ
user_1	NaN	5.0	NaN	5.0	NaN
user_2	NaN	NaN	5.0	NaN	2.0
user_3	NaN	5.0	5.0	NaN	5.0
user_4	4.0	NaN	NaN	4.0	5.0
user_5	5.0	4.0	NaN	NaN	5.0

　行データにユーザー、列データに商品名、各要素にレビュースコアが入っています。 **NaN** は
レビュースコアなしを表しています。他章のデータと比較すると **NaN** つまり欠損値が多いこと
がわかるでしょう。このようなデータを疎なデータといいます。

▶ レコメンドアルゴリズムにおけるデータ構造の違い

　このデータは機械学習プロジェクトとデータの構造が違うことにお気付きの読者もいるかも
しれません。いままで見てきたデータでは次の図のように、テーブルデータの各列が特徴量（x_0,
x_1のように表しています）と予測したい値(yで表しています）を表現でき、予測したい値の列
の値を予測してきました。

　しかし、このSectionで予測したいのは特定の列ではありません。次の図を見ていただくとわか
るように、今回のデータはユーザーと商品をそれぞれ軸にとり「ユーザーが商品に対して行ったレ
ビュースコア」が各要素に入っています。ユーザーがある商品に対してまだレビューを行っていな
い場合は「NaN」となっています。あるユーザーが、まだ評価を行っていない商品に対してどのく
らいのレビュースコアを付けるのか予測することが今回のプロジェクトの目的です。

　一口にレコメンドといってもさまざまなバリエーションがあり、このようにレビュースコア
のマトリックス以外を使うケースもあります。レビュースコアのマトリックスはアルゴリズム
のベンチマークデータセットでも用いられている非常に一般的な形式なので、ぜひ覚えておい
てください。

Chapter 2で紹介した基本形の予測したい値、特徴量

X$_0$	X$_1$	X$_2$	……	y
0.1	0.3	-1.0	……	2.0
0.3	0.2	0.6	……	1.0
0.6	0.7	3.0	……	-0.5

データ

ここの数値を予測したい

レコメンドの場合

商品

	商品1	商品2	商品3	……
ユーザー1	NaN	4.5	NaN	……
ユーザー2	2.3	NaN	5.0	……
ユーザーN	3.0	NaN	NaN	……

ユーザー

ここの数値を予測したい

＞ 特徴量エンジニアリング

このデータを使って特徴量の生成を行います。

＞ ライブラリ

本Sectionでは他Sectionで使ってきた scikit-learn ではなくsurpriseというライブラリを用います。scikit-learnでは、レビュースコアのマトリックスに対してレコメンドを行うことができません。surpriseはレコメンドのアルゴリズム専用のライブラリです。

- https://surprise.readthedocs.io/en/stable/index.html

＞ データをsurprise用に加工する

このままのpandas Dataframeの形式ではsurpriseへのinputとして使うことができません。面倒だと感じる方もいると思いますが、その理由を説明します。

前述したようにレコメンドアルゴリズムで用いるデータは疎なことが多いです。疎なデータでは、データのサイズが不要に大きくなる傾向があります。例えば、100人のユーザーがいて500個の商品があり、各ユーザーが1個の商品だけレビュースコアを付けているとします。他章と同じようなデータのもち方だと単純に100 × 500 = 50000個のデータをもつことになります。ただ、データの内容としてはほとんどがNaNで値をもっているデータ（学習に使えるデータ）は 100 × 1 = 100個だけです。これでは計算に当たって非効率です。

　surpriseでは、そういった疎なデータを取り扱うためのデータ形式が要求されます。具体的にいうとデータを列もちではなく、行もちにしてもらう必要があります。実際にコードを使って見てみましょう。

```
df_stacked = df.stack().to_frame().reset_index()
df_stacked.columns = ["ユーザーID", "商品ID", "rating"]
df_stacked.head()
```

	ユーザー ID	商品ID	rating
0	user_1	猫	5.0
1	user_1	イルカ	5.0
2	user_2	ペンギン	5.0
3	user_2	パンダ	2.0
4	user_3	猫	5.0

　pandasのstackメソッドを使って列もちだったデータを行もちにしています。to_frameメソッドはreset_indexメソッドは形式などを調整するためだけに使っています。

　どう変わったのか確認するために、最初に見たデータと変換後のデータをuser_1に関して比較してみましょう。

元々のデータ

	犬	猫	ペンギン	イルカ	パンダ
user_1	NaN	5.0	NaN	5.0	NaN
user_2	NaN	NaN	5.0	NaN	2.0

加工後のデータ

	ユーザーID	商品ID	rating
0	user_1	猫	5.0
1	user_1	イルカ	5.0
2	user_2	ペンギン	5.0
3	user_2	パンダ	2.0

　セルに注目してください。最初のデータでは2×5で10個の値がありますが、加工後のデータでは2×2＝4個になっています。10個だった値が4個になっていて、データ量が少なくなっていることがわかります。

　このように疎なデータではこういった行もちのデータに変換することで、データ容量の観点や計算効率の観点でメリットを享受することができます。それがsurpriseがこのデータ形式を要求する理由です。

　この形式に変換した後、次のコードのようにsurpriseのDataset形式に変換する必要があります。詳しくはsurpriseのマニュアルをご確認ください。

- https://surprise.readthedocs.io/en/stable/getting_started.html#use-a-custom-dataset

```
from surprise import Dataset

reader = Reader(rating_scale=(1, 5))   # rating_scaleというパラメータでratingの範囲
を設定します。今回はレビューのスコアが1〜5の間なので(1, 5)を設定しています。取り扱うデータに
よって変更する必要があります
data = Dataset.load_from_df(df_stacked, reader)
```

アルゴリズムと評価指標の選定

レコメンド問題で用いられる主要なアルゴリズムとしては次のようなものがあります。

- **SVD (Singular Value Decomposition)**：行列を分解する手法の1つで、大量のユーザーやアイテム情報を短い特徴ベクトル（潜在因子）に圧縮します。これにより、ユーザーとアイテム間の関係性を見つけ出し、未評価のアイテムに対するユーザーの評価を予測します。
- **KNN (k-Nearest Neighbors)**：アイテムやユーザー間の類似性を計算し、最も類似性の高いk個のアイテムやユーザーから推薦を行うアルゴリズムです。
- **NMF (Non-negative Matrix Factorization)**：正の値しかもたない行列（例えば、ユーザー-アイテムの評価行列）を2つの正の行列に分解し、欠損値を補完するアルゴリズムです。NMFはSVDと同じく行列分解を行いますが、NMFは全ての値が正であるという制約があります。
- **MF (Matrix Factorization)**：SVDと似ていますが、欠損値が存在する行列に対しても適用可能です。一般的には潜在的な特徴（ユーザーの隠れた好みやアイテムの隠れた特性など）を発見するために使用されます。
- **Deep Learningを用いた手法**：深層学習を用いたレコメンドシステムも増えてきています。その1つにAutoencoderを用いた手法や、ニューラルネットワークを用いた協調フィルタリングなどがあります。

これらの推薦アルゴリズムの中から、今回はシンプルで効果的なSVDを使います。SVDは計算効率がよく、また潜在因子という考え方を用いてアイテム間の関係性をうまく捉えられるため、昔から多くの推薦システムで用いられています。

SVDについてもう少し詳しく説明します。SVDとは、特異値分解（Singular Value Decomposition）の略で、大きな行列をそれらの特性を保った小さな行列へ分解する方法の1つです。大量のユーザーやアイテム情報を短い特徴ベクトル（潜在因子）に圧縮し、ユーザーとアイテム間の関係性を見つけ出します。具体的には、ユーザーとアイテム間の評価行列（例えば、ユーザーがアイテムに付けた評価スコアなど）を分解し、未評価のアイテムに対するユーザーの評価を予測します。SVDは、大きな行列を扱いやすい形に変換し、欠損値の予測や次元削減などにも用いられます。

⊘ 機械学習モデルの学習

⊘ 評価用にデータ分割

モデルを評価するために学習データとテストデータに分割を行います。データ分割も scikit-learn ではなく surprise が用意しているものを使っています。

```
from surprise.model_selection import train_test_split
train, test = train_test_split(data, test_size=.25)
```

⊘ 学習

学習を行います。モデルはSVD（Singular Value Decomposition、特異値分解）を用います。

surpriseを用いた学習の方法は次のようになります。scikit-learnと同じくfitメソッドを呼び出すことで学習を行えます。ここでデータセットのtrainはpandasのDataFrameではなく、特徴量エンジニアリングの項で説明したsurpriseのDatasetであることにご注意ください。

詳しくはsurpriseのマニュアルをご確認ください。

• https://surprise.readthedocs.io/en/stable/prediction_algorithms.html

```
from surprise import SVD

model = SVD()
model.fit(train)
```

Chapter 1

Chapter 2

Chapter 3

Chapter 4

Chapter 5

Chapter 6

▶ 機械学習モデルの評価

　学習が終わったのでモデルの評価を行います。評価も scikit-learn のメソッドではなく surpriseのものを使っているのでご注意ください。評価値としては回帰問題でも使われる RMSEを使っています。

　レコメンドモデルに対するRMSE（Root Mean Square Error）は、ユーザーがアイテムに対して付ける評価の予測値と実際の評価値との差を二乗したものの平均を計算し、最後に平方根を取った値です。RMSEが低ければ低いほど、モデルが予測した評価値が実際の評価値に近いということを意味します。つまり、推薦システムがより正確にユーザーの評価を予測しているといえます。

　RMSEの評価の例を以下に示します。

```
from surprise import accuracy
test_pred = model.test(test)
accuracy.rmse(test_pred)
# RMSE: 1.8490
```

評価指標としてはRMSEを用いましたが、ほかには次の評価指標があります。

1. **MAE (Mean Absolute Error)**：予測と実際の評価との差の絶対値の平均です。個々の誤差を等しく扱うため、はずれ値の影響を受けにくいという特性があります。
2. **Precision@k and Recall@k**：k個の推薦されたアイテムの中で、ユーザーが本当に好きだったアイテムの割合（Precision）と、ユーザーが好きなアイテムのうち、どれだけを推薦できたか（Recall）を計算します。
3. **F-Score**：Precisionと Recallの調和平均を計算します。これはPrecisionと Recallのバランスを取るための指標で、どちらも重視する場合に使われます。

機械学習モデルを使った予測

学習したモデルを使って予測を行います。ここではuser_70というユーザーへのレコメンドを取得してみましょう。

```
user_id = "user_70"
print(f"{user_id}に対するおすすめ度")
for item_id in ["犬", "猫", "ペンギン", "イルカ", "パンダ"]:
    pred = model.predict(user_id, item_id)
    print(f"{item_id}\t{pred.est:.2}", )
```

次のような出力がされます。

```
# user_70に対するおすすめ度
# 犬    4.6
# 猫    4.5
# ペンギン        4.6
# イルカ          4.3
# パンダ          4.8
```

おすすめ度は「そのユーザーが商品を購入し、レビュースコアを付けたときの予測値」と見なせます。無事にレコメンド結果を取得できました。この中で「user_70がまだ購入していない」「最もおすすめ度が高い」ものを選ぶことで、元々のユースケースである販促メールを送信できそうです。

最後にコード全体の内容は次のようになります。

```python
import pandas as pd
from surprise import Dataset, accuracy, SVD
from surprise.model_selection import train_test_split

# データの準備
df = pd.read_csv("../data/animal_rating.csv", index_col=0)
df_stacked = df.stack().to_frame().reset_index()
reader = Reader(rating_scale=(1, 5))
data = Dataset.load_from_df(df_stacked, reader)

# 学習のためのデータ整形、分割
train, test = train_test_split(data, test_size=.25, random_state=42)

# 学習
model = SVD(random_state=43)
model.fit(train)

# 評価
test_pred = algo.test(test)
accuracy.rmse(test_pred)

# ユーザーに対する予測
user_id = "user_5"
print(f"{user_id}に対するおすすめ度")
for item_id in ["犬", "猫", "ペンギン", "イルカ", "パンダ"]:
    pred = model.predict(user_id, item_id)
    print(f"{item_id}\t{pred.est:.2}", )
```

Section 03 まとめ

　あなたはECサイト上のデータを用いてユーザーに対してレコメンドを行うシステムを開発し、販促メールの送付に活用されました。新商品の売上も増加傾向とのことです。

　このSectionではレコメンドアルゴリズムの概要と活用方法について解説しました。レコメンドアルゴリズムはそれだけで国際学会が開かれ、研究分野として確立されています。奥が深いので本書でもし興味をもった方はぜひ、参考文献をチェックしてみてください。

参考文献

- 『推薦システム実践入門』風間正弘、飯塚洸二郎、松村優也（2022）オライリージャパン
- 『基礎から学ぶ推薦システム』奥健太（2022）コロナ社
- 推薦システムのアルゴリズム
  https://www.kamishima.net/archive/recsysdoc.pdf
- Recommender Systems https://www.coursera.org/specializations/recommender-systems

Section 04　異常検知アルゴリズム：ポンプの故障を検知しよう

Chapter 1

Chapter 2

Chapter 3

Chapter 4

Chapter 5

Chapter 6

イントロダクション

　あなたはシステムインテグレーション（SI）を主な事業とするIT企業に勤めるデータサイエンティストです。今回、○×市の浄水場から、ポンプの故障検知に関する依頼を受けました。

　浄水場では、河川、湖、井戸などから原水を取り込んで場内のさまざまな処理を経て最終的に浄水場の外に送水を行うまでの水の移動に多くのポンプが使われています。ポンプの故障がないかを日々点検し、メンテナンスすることは重要です。

フェーズA　ビジネス課題分析

> 解決したい課題は何か？

　顧客にヒアリングを行った結果、故障を予防するのは限界があり、どれだけ頑張っても月に1回程度ポンプが故障し、稼働停止するという事態が起こっていることがわかりました。それにより、浄水場のサービスエリアにおいて、一般家庭やビル、工場などの施設への水の供給が一時的に途絶えるという問題が起こっています。この問題に対処するため、データを使って現状よりも高精度な故障の予防を実現したい、というのが今回の依頼です。

> 予測したい値は何か？

　今回の目的は、故障を予測することです。その際にポイントとなるのは次の2点です。

> 1. 故障が起こるよりも前に、故障を検知する必要がある

　例えばコンビニエンスストアにおいて、1週間後の商品Aの売上を予測した上で発注額を決め、廃棄ロスを最小化するケースなど、何かしらの事象が起こる時点よりも前にその事象が起こるかどうかを予測したい、というのは時系列予測では一般的な問題構造です。今回のケースにおいても、故障が起こった時点で故障が起こるとわかってもあまりメリットはなく、それよりも前に予測できている必要があります。いつ時点でわかっているとよいかについては、なるべく早くわかっている方がよい、というのは一般的にいえることです。しかし、実際は早く予測しようとするほど難しいタスクとなります。また、本ケースでは故障の予兆がどの時点で現れているかにもよるので、データ観察や分析を行った上で、現実的な期間を設けることが重要です。

> 2. データに予兆のラベルは付与されていない

　今回のタスクは「故障を事前に予測する」ことですが、これは別のいい方をすると「現時点（予測時点）で故障の予兆が起こっているかどうかを予測する」ということです。このとき「故障の予兆が起こっているか」のラベルが付与されていれば、分類問題として教師あり学習を行うことができますが、今回の故障予兆検知では予兆のラベルが付与されておらず、教師あり学習として取り組めません。これは先ほどのコンビニエンスストアのケースとは異なる状況です。

ラベルが付与されていないデータを使って分析を行う場合、そもそもデータ内に対象としている事象（今回のケースでは「故障の予兆」）が存在しているかどうかが不明瞭である点にも注意が必要です。また、教師あり学習と異なり、定量的な評価を行う一般的な手法がないため、ゴール設定を明確化することがより一層重要です。

Column	ラベルが付与されていない場合は？

　教師あり学習をしようと思ってもラベルが付与されていないのでできない、ということは実際によく起こるケースです。主な原因は本質的にラベルを付与することが困難であること、ラベルを付与するためのリソース（人、時間）が不足していることなどが挙げられます。今回のケースでは両方に該当し、予兆を示すデータが得られているとしても、それを見て予兆が現れている時点を判断できるのが熟練の技術者に限られることや、熟練の技術者であっても大変な時間と労力がかかり現実的でないことが挙げられます。そのような理由から、ラベルが付与されていない場合にも対応できる教師なし学習などの多様な手法が提案されています。

> どんなアクションに使えるか？

　故障を事前に検知できれば、例えば、検知結果を点検作業者に都度知らせ、必要に応じて実地点検を行う、という運用に組み込むことが可能です。その際、どういった情報を提供するかが非常に重要です。単純に「このポンプに故障の予兆が現れています」としか通知しない場合、点検作業者は検知対象となったポンプを重点的にチェックできるようにはなるものの、点検項目については一通り確認することが必要です。例えば「このポンプのこのセンサーに故障の予兆が現れています」という通知ができれば、作業者はより効率的に点検作業に当たることができ、故障の予防効果も高まります。また、通知の頻度・精度も重要で、1日に10回、20回と通知が来て、その大半が誤報、といった通知システムでは点検作業者の負荷が上がったり、作業者がシステムを信用しなくなって運用されなくなったりする、といった懸念があります。このあたりのバランスは顧客とよく話し合い、適切な頻度・精度の通知になるよう調節する必要があります。

特徴量として何が使えるか

今回は、あるポンプに取り付けられたセンサーデータ、およびポンプの状態を示すラベルを用いて異常検知を行います。後段の特徴量エンジニアリングの項では、センサーデータに対して多様な変換を行い、新たな特徴量を生成します。

フェーズB データ分析、機械学習

フェーズBでは次の作業を行います。

- データ収集
- データ観察
- 特徴量エンジニアリング
- アルゴリズムの選定・評価方法の選定
- 機械学習モデルの学習
- 機械学習モデルを使った予測
- 機械学習モデルの評価

データ収集

今回扱うデータセット※には、あるポンプに対するセンサーデータ値を記録したデータが含まれます。さらに、各レコードに対して点検作業者が人手でポンプの状態を示すラベルを付与しています。なお、記録対象となったポンプは、データへの影響を考慮して、期間中は点検による事前修理を行わないことになっています。つまり、常に故障が発生してから修理に当たることになりますが、冗長対応がなされているポンプのため、故障して、ただちに問題が発生するわけではない体制での記録を行っています。

※元になった生データはhttps://www.kaggle.com/datasets/nphantawee/pump-sensor-dataからダウンロードできます。本章では紙面の都合などから、この生データからさらに加工した状態のデータを顧客から受領したデータとして扱っています。

⊚ データ観察

Chapter 1

Chapter 2

Chapter 3

Chapter 4

Chapter 5

Chapter 6

提供されたデータセットは1つのCSVファイルでした。こちらをpandasで読み込みます。

```
df = pd.read_csv("sensor.csv")
```

テーブルのサイズを確認します。22032行、20列であることがわかります。

```
df.shape   # => (22032, 20)
```

最初の5行を見て、カラム名と、実際の値がどのようになっているかを確認します。

```
df.head()
```

timestamp	s00	s01	s02	s03	s04	s05	s06	s07	s08
2018/04/01 0:00:00	2.5	47.1	75.9	1.7	420.1	447.9	164.2	93.3	42.1
2018/04/01 0:10:00	2.5	48.3	77.2	1.7	419.9	456.0	163.7	89.7	45.3
2018/04/01 0:20:00	2.5	48.9	76.5	1.8	420.0	449.2	167.3	91.7	45.2
2018-04-01 00:30:00	2.5	48.6	73.1	1.8	419.9	443.7	171.3	87.9	42.7
2018-04-01 00:40:00	2.5	49.1	74.3	2.0	420.2	451.8	170.8	89.5	43.2

s09	s10	s11	s12	s13	s14	s15	s16	s17	machine_status
31.9	74.7	38.9	62.6	38.7	167.0	67.8	242.3	201.6	NORMAL
32.3	75.1	41.6	53.1	39.4	214.2	73.1	249.3	199.8	NORMAL
32.3	67.3	39.0	50.0	40.2	206.7	94.7	244.4	209.5	NORMAL
34.3	66.5	36.7	46.7	40.3	209.3	92.6	248.3	222.5	NORMAL
33.2	68.3	37.1	45.3	37.9	210.3	71.7	227.0	217.0	NORMAL

この結果から、おおむね次の3種類のデータで構成されていることがわかります。

- **timestamp**
  - 時刻を表すデータ。10分刻みになっている
- **s00 〜 s17**
  - センサーデータ
- **machine_status**
  - 時刻ごとのポンプの状態を示すラベルが付与されている

次に各カラムについて、詳しく見ていきます。

▶ timestampカラム

timestampカラムについては、データ型を"datetime64"に変更します。これにより、時刻同士の引き算によって日数差を得る、といった時刻間の演算ができるようになります。また、利便性のためset_index()でtimestampカラムをインデックスに指定しています。

```
df["timestamp"] = df["timestamp"].astype("datetime64[ns]")
df = df.set_index("timestamp")
```

また、timestampカラムに含まれる値についても概観しておきます。

```
print(df.index.min())  # 2018-04-01 00:00:00
print(df.index.max())  # 2018-08-31 23:50:00
print(df.index.max() - df.index.min())  # 152 days 23:50:00
print(len(df.index.drop_duplicates()))  # 22032
```

これにより、2018年4月1日から2018年8月31日までの5カ月分（153日分）のデータであることがわかります。また、drop_duplicates()した後のレコード数が元のレコード数と一致することから、このレコードは重複値をもたないことがわかります。先頭5行の観察結果から、10分刻みのデータであることがわかっており、153日を分で表したものを10で割った値 153（日）× 24（時間）× 60（分）÷ 10（分）= 22032と、レコード数が一致していること

が確認できます。

▶ machine_status カラム

machine_statusについては、ラベルごとのレコード数を確認します。

```
df["machine_status"].value_counts(dropna=False)
```

結果は次のとおりです。

```
NORMAL       20578
RECOVERING    1447
BROKEN           7
Name: machine_status, dtype: int64
```

NORMAL（正常）、RECOVERING（修理中）、BROKEN（故障）のいずれかの値を取ることがわかります。また、故障に該当するレコードが5カ月間で7件と、全体のうちのごくわずかであることがわかります。

各状態の持続期間についても確認します。

```
def check_machine_status_transition(df: pd.DataFrame):
    def print_duration(current, last_changed_at, status):
        print(f"{current}: {status:10s} lasted {current - last_changed_at}")

    status = df["machine_status"][0]
    last_changed_at = df.index[0]
    for i, rows in df.iterrows():
        if status != rows["machine_status"]:
            print_duration(i, last_changed_at, status)
            last_changed_at = i
        status = rows["machine_status"]
    print_duration(i, last_changed_at, status)
```

結果は次のとおりです。

```
2018-04-12 21:50:00: NORMAL     lasted 11 days 21:50:00
2018-04-12 22:00:00: BROKEN     lasted 0 days 00:10:00
2018-04-13 13:40:00: RECOVERING lasted 0 days 15:40:00
2018-04-18 00:30:00: NORMAL     lasted 4 days 10:50:00
          ～中略～
2018-07-25 14:00:00: NORMAL     lasted 17 days 13:00:00
2018-07-25 14:10:00: BROKEN     lasted 0 days 00:10:00
2018-07-25 15:20:00: RECOVERING lasted 0 days 01:10:00
2018-08-31 23:50:00: NORMAL     lasted 37 days 08:30:00
```

　故障（BROKEN）の持続時間が、毎回10分（1レコード分）であることから、故障が発生した時点のみBROKENラベルが付与され、その後、通常（NORMAL）に戻るまではRECOVERINGラベルが付与されていることがわかります。これは、RECOVERINGラベルが付与されているからといって修理の最中というわけではなく、故障してからまだ修理が完了していない状態ということだけを示しているということです。

▶ センサーデータカラム

　次に、残りのセンサーデータカラムの欠損率を確認しておきます。

```
df.describe().loc["count"].sort_values()[:3]
```

　df.describe()のcountインデックスの値が、各カラムの欠損していない行数を示しています。結果は次のとおりです。

```
s16    14333.0
s17    20497.0
s00    21016.0
Name: count, dtype: float64
```

　s16の欠損が多いことがわかります。欠損データについては、次の項でもう少し詳しく見ます。

Chapter 1

Chapter 2

Chapter 3

Chapter 4

Chapter 5

Chapter 6

▶ センサーデータの可視化

　センサーデータについては、グラフを描画して概観をつかんでおくとよさそうです。この可視化によって、以降のステップである特徴量エンジニアリングや、アルゴリズム選定のためのヒントを得られるかもしれません。

　可視化する際にはただ漠然とデータをプロットするのではなく、事前にある程度の目的意識をもって可視化の実装をすると、よい結果を得られることが多いです。今回は、ビジネス課題分析やデータ観察結果を基に、次のように目的を定めます。

1. ビジネス課題分析から、「いつから故障の予兆を検知できるか」が重要なポイントであることがわかっているので、「どの時点で故障が起こったか」がわかるようにプロットし、故障が起こる前のセンサー値の推移を観察できるようにします。

2. 先ほどのセンサーデータの欠損率を確認した結果から、一部のセンサーデータが欠損値を含むことがわかっています。センサー値の欠損と故障について、何らかの関係があるかどうかを知るため、欠損値もプロットできるとよさそうです。

　では、実装に移ります。

```python
def mask_and_other_is_nan(sr, cond, mask_value):
    return sr.mask(cond, mask_value).where(lambda sr: sr == mask_value)

def get_plot_series(df, s):
    machine_status = df["machine_status"]
    sensor = df[s]
    s_max = sensor.max()
    s_min = sensor.min()
    s_height = s_max - s_min
    min_y = s_min - s_height * 0.1
    max_y = s_max + s_height * 0.1

    broken = mask_and_other_is_nan(
        machine_status,
```

```
            machine_status == "BROKEN",
            min_y,
        )
        normal = mask_and_other_is_nan(
            machine_status,
            machine_status == "NORMAL",
            max_y,
        )
        return normal, broken, sensor, min_y, max_y

def detect_status_regions(df, s: Optional[str] = None):
    current = None
    begin = 0
    regions = []
    for i, status in enumerate(df["machine_status"]):
        if s is not None and pd.isnull(df[s].iloc[i]):
            status = "MISSING"

        if status == current:
            continue
        else:
            if current is not None:
                regions.append({"status": current, "begin": begin, "end": i})
            current = status
            begin = i
    else:
        regions.append({"status": current, "begin": begin, "end": i})

    return regions

def plot_anomaly(df: pd.DataFrame, s: str, title: Optional[str] = None):
    normal, broken, sensor, min_y, max_y = get_plot_series(df, s)

    plt.figure(figsize=(16, 2))

    # センサー値のプロット
    plt.plot(sensor,
             linewidth=0.5, label=s)
```

```python
    # machine_status (BROKEN以外) のプロット
    regions = detect_status_regions(df, s)
    colors = {
        "NORMAL": "#e7f5fc",
        "RECOVERING": "#e2e3e4",
        "MISSING": "#b2b3b6",
        "STABILIZATION": "#95d8f5",
    }
    plotted = set()
    for region in regions:
        if region["status"] == "BROKEN":
            continue

        plt.fill_between(
            df.iloc[region["begin"]:region["end"]].index,
            min_y,
            max_y,
            alpha=0.5,
            color=colors[region["status"]],
            label=region["status"] if region["status"] not in plotted else "",
        )
        plotted.add(region["status"])

    # BROKEN ラベルが付与された点のプロット
    plt.plot(
        broken, linestyle="none", marker="X",
        label="broken", color="black"
    )

    plt.title(title or s)
    plt.legend()
    plt.legend(bbox_to_anchor=(1, 1), loc="upper left")
    plt.show()

def plot_anomaly_list(
    df: pd.DataFrame,
    s_list: list[str] = None,
    title: Optional[str] = None,
):
```

```
    if s_list is None:
        s_list = df.describe().columns.tolist()

    for s in s_list:
        plot_anomaly(df, s, title)
```

plot_anomaly_list()関数は、センサーデータのデータフレームを受け取り、センサー
ごとの値をマシンの状態に応じて色分けしてプロットします。また、欠損値の箇所も併せてプ
ロットします。また、s_listパラメータにセンサー名を渡すことで、一部のセンサーのみプ
ロットします（デフォルトでは全センサーについてプロットします）。

次のコードで、s_list=［"s00"，"s01"］を与えて、s00センサーとs01センサーの
みプロットします。

```
plot_anomaly_list(df, s_list=["s00", "s01"])
```

次はその結果です。

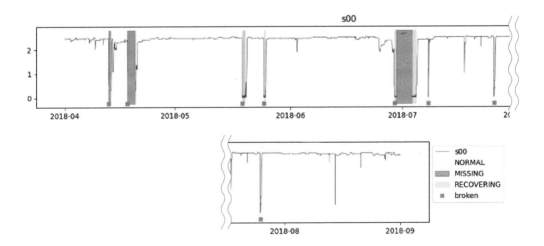

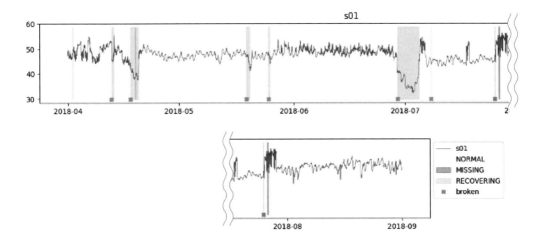

　NORMAL状態は薄青色、RECOVERING状態は薄灰色、欠損値は灰色で背景を塗りつぶしています。BROKEN状態は常に10分だけ続くことがわかっているので、背景を塗りつぶすのではなく、×印のマーカーでプロットしています。このプロットにより、各センサーの全期間の値の推移を概観できます。

　次に、もう少し細かい粒度でプロットします。

　次のコードで、全期間の始点と終点、およびBROKENとなった時点のインデックスのリストを作成します。

```
broken_indices = df[df['machine_status'] == 'BROKEN'].index
indices = (
    pd.DatetimeIndex([df.index[0]])
    .append(broken_indices)
    .append(pd.DatetimeIndex([df.index[-1]]))
)
```

　次に、インデックスを境界としてデータフレームを分割し、それぞれを先ほどのplot_anomaly_list()関数に渡します。これで、7つの故障点によって分割された8つのデータフレームそれぞれについてプロットされます。今回はs00センサーだけプロットします。

```
for i in range(len(indices) - 1):
    plot_anomaly_list(
        df.loc[indices[i]:indices[i+1]],
        s_list=["s00"],
        title=f"anomaly {i}"
    )
```

結果は次のとおりです。

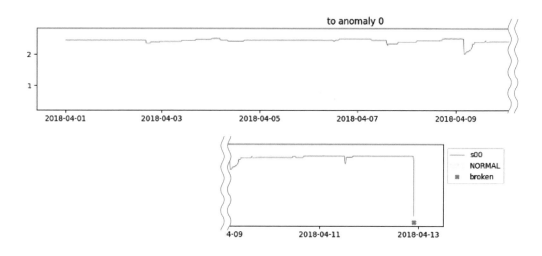

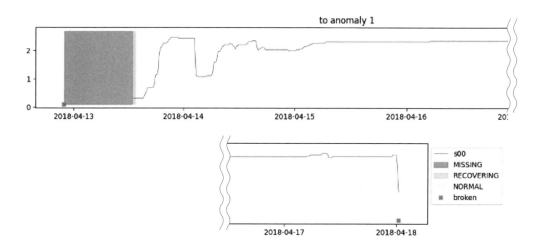

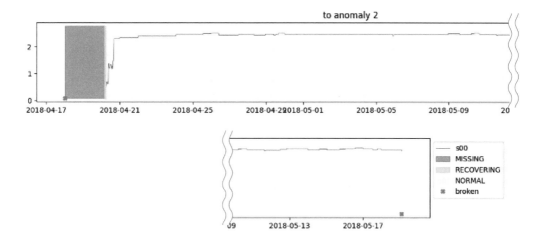

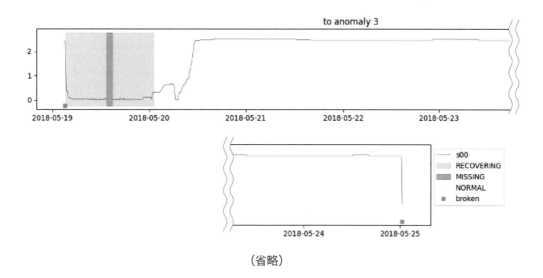

（省略）

このプロットでいくつかのことがわかります。

故障時、センサー値が欠損していることがある

　故障した直後、s00センサーはしばらく欠損することがあるのがわかります。常に欠損するわけではなく、欠損しない場合、RECOVERINGの間は0に近い値を取る傾向があります。

こちらは欠損値の扱いをどうするかにおいて非常に重要な観察です。欠損値は主に除去するか、何かしらの値で補完するかの2択となります。欠損が完全にランダムであれば除去でよいのですが、今回のように欠損に法則性が見いだせそうな場合、値補完が適切といえます。ほかのセンサー値も観察したところ、欠損している箇所は欠損前後で似たような値をとることが多いので、一律で前回の値で補完する、としておくと自然に補完できそうということがわかりました。次の関数で、前回の値で欠損値を補完します。

```
df = df.bfill()
```

　補完後は、欠損値が補完されていることを確認します。

(before)

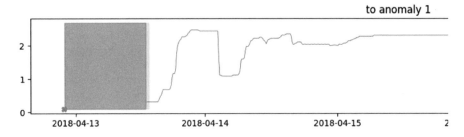

(after)

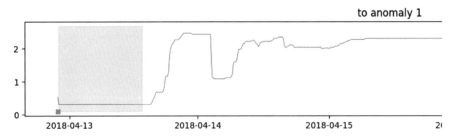

修理後、センサー値が不安定

　修理が完了し、RECOVERINGからNORMALに遷移した後もしばらく（1日程度）センサー値が安定していないことがわかります。

　この不安定な期間は故障の予兆が起きているというよりは、修理後安定するまで時間がかかると考えた方が妥当です。この安定化期間のデータをそのまま学習してしまうと、この期間を異常と判定してしまうおそれがあるため、学習から除いておいた方がよさそうです。顧客ヒアリングによると、s00はモーターの振動を表し、修理直後安定するまでに時間がかかるとのことでした。また、ほかのセンサーもs00が安定するまでは不安定になる可能性があるとのことだったので、今回はs00を基にして、NORMAL状態のうち、s00が安定するまでの期間を新たにSTABILIZATION（安定化）状態として定義することにします。

　次の関数は、NORMALラベルのうち、安定化期間をSTABILIZATIONラベルに変換するための関数です。データ観察から、平均2.2以上、標準偏差0.05未満を安定化完了の基準とし、それまではSTABILIZATION状態としています。

```python
def add_stabilization_status(df):
    # RECOVERINGからNORMALに変わるポイント
    recovering_to_normal = (
        (df['machine_status'] == "NORMAL")
        & (df['machine_status'].shift(1) == "RECOVERING")
    )
    recovering_to_normal_index = df.index[recovering_to_normal]

    # NORMALから将来のx分間の s00 の std が初めて 0.05未満 かつ mean が
    # 2.2以上になる ポイントを見つけ、それまでを STABILIZATION フェーズとする
    for i in range(len(recovering_to_normal_index)):
        idx = recovering_to_normal_index[i]
        print(idx)
        minutes = 0
        add_minutes = 60
        window_size = 360
        limit = (
            recovering_to_normal_index[i+1]
```

Chapter 1
Chapter 2
Chapter 3
Chapter 4
Chapter 5
Chapter 6

```
            if i != len(recovering_to_normal_index) - 1
            else df.index.max()
    )
    while(True):
        begin = idx + pd.Timedelta(minutes=minutes)
        end = idx + pd.Timedelta(minutes=minutes + window_size)
        std = df.loc[begin:end, "s00"].std()
        mean = df.loc[begin:end, "s00"].mean()
        if std < 0.05 and 2.2 <= mean:
            df.loc[idx:begin, "machine_status"] = 'STABILIZATION'
            break
        minutes += add_minutes

        if limit < end:
            df.loc[idx:end, "machine_status"] = 'STABILIZATION'
            break

    return df
```

次のコードで適用します。

```
df = add_stabilization_status(df)
```

　可視化により、s00が安定しないうちはSTABILIZATION状態になっていることを確認します。学習にはこの期間を利用しないようにします。

(before)

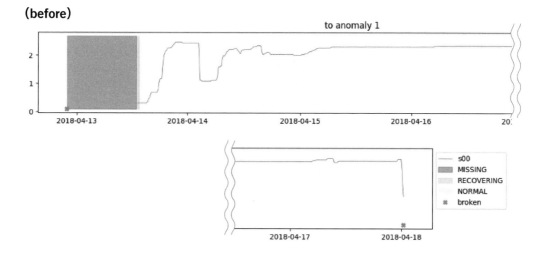

(after)

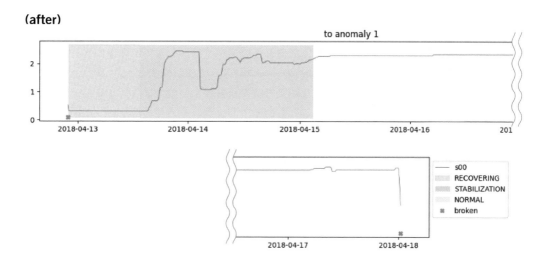

　なお、これまでのデータ整形は次のように読み込み時に関数チェインで全実行しておくと扱いやすいです。そうしないと、同じdfでも、どのセルをこれまで実行したかによって、欠損値補完がされていたりされていなかったりと、状態がわかりにくくなります。

```
df = (
    pd.read_csv(
        "sensor.csv",
        parse_dates=["timestamp"],
        index_col="timestamp"
    )
    .bfill()
    .ffill()
    .pipe(add_stabilization_status)
)
```

Column | **データ観察をどう進めればよいかわからないときは？**

　あなたがこれまでにデータサイエンティストとしての経験を積んでいる場合、データ観察をしながら「この傾向はあのようなデータ整形をして特徴量に落とし込めば表現できそう」「この特徴量はあのアルゴリズムで使いやすそう」「このデータ構造・問題構造であればこういった評価方法の設計がよいのではないか」といった仮説がおぼろげながら見えてくることもあるでしょう。一方で、そういった経験がない場合、プロットしてもとくに何も思い付かない、あるいはそもそもどういったプロットをすればよいか具体化できない、といった状況に陥るかもしれません。

　そのような場合でも、とりあえずエイヤとプロットしてみる、といったことも時には大事です。その結果、何か1つでも気付くことがあれば、次のステップにつながります。その際、ヒアリング結果などの時点でわかっている情報から可能な限り目的を具体化した上で取り組むことが大事です。そうしないと、時間がどんどん溶けてしまいます。

　また、データ観察→特徴量エンジニアリング→アルゴリズムの選定・評価、といった一方通行のステップを想定する必要はなく、データ観察でとくに得られるものがなければ、早々に別の特徴量エンジニアリングやアルゴリズム選定に移って問題ありません。その結果、データに対する新たな仮説が生まれれば、またデータ観察ステップに戻って目的に沿ったプロットをすればよいです。重要なのは、これらのステップを軽いフットワークでシームレスに行き来し、分析のサイクルを早く回すことです。

特徴量エンジニアリング

時系列データで使える特徴量には主に次のようなものがあります。

一時点の値

これは、データ観察で見たデータフレームの各レコードのセンサー値をそのまま使うことに相当します。例えば、あるセンサーの値が10を切ると、1時間以内に故障する可能性が高いことがわかっているような場合に有用です。

過去時点の値（ラグ特徴量）

例えば、ある時点において故障の予兆が発生しているかどうかを判定するのにその時点の特徴量でなく、過去時点の特徴量を用います。これをラグ特徴量と呼びます。10分前、30分前など、時間間隔（ピリオド）についてはいくつかのバリエーションを作るのがよさそうです。

次の関数で、ラグ特徴量を生成します。

```
def generate_lag_features(df, periods):
    return df.shift(periods=periods).bfill().rename(
        columns={col: f"lag({col},{periods})" for col in df.columns}
```

s00センサーのピリオド10分のラグ特徴量を生成し、先頭5行を表示する例は次のとおりです。

Chapter 1

Chapter 2

Chapter 3

Chapter 4

Chapter 5

Chapter 6

```
tmp_df = df[["s00"]]
pd.concat([
    tmp_df,
    generate_lag_features(tmp_df[["s00"]], periods=1)
], axis=1).head()
```

　結果は次のとおりです。ラグ特徴量 lag(s00,1) は、s00の一時点前の値をもっていることがわかります。なお、最初の行には、一時点前の値がないですが、bfill関数により値が補完されています。

timestamp	s00	lag(s00,1)
2018-04-01 0:00:00	2.454966	2.454966
2018-04-01 0:10:00	2.455064	2.454966
2018-04-01 0:20:00	2.452899	2.455064
2018-04-01 0:30:00	2.456441	2.452899
2018-04-01 0:40:00	2.453391	2.456441

▶ 二時点間の相対的な増加・減少値（差分特徴量）

　一時点の値と、ラグ特徴量の差を新たな特徴量としたものです。ピリオドについてはラグ特徴量と同様、10分、30分の両方で見るなど、いくつかのバリエーションを作るのがよさそうです。

　次の関数で、差分特徴量を生成します。

```
def generate_diff_features(df, periods):
    return df.diff(periods=periods).bfill().rename(
        columns={col: f"diff({col},{periods})" for col in df.columns}
```

　1回目の故障が起こってから2回目の故障が起こるまでのs00の時間間隔10分の差分特徴量を生成し、プロットする例は次のとおりです。

```
tmp_df = df.loc[broken_indices[0]:broken_indices[1], ["s00", "machine_status"]]
plot_anomaly_list(
    pd.concat([
        tmp_df,
        generate_diff_features(tmp_df[["s00"]], periods=1)
    ], axis=1),
)
```

実行結果は次のとおりです。差分特徴量diff(s00,1)は、s00が安定しているときには0付近を維持し、急激に増減しているときに対応してパルスのように値が増減していることがわかります。

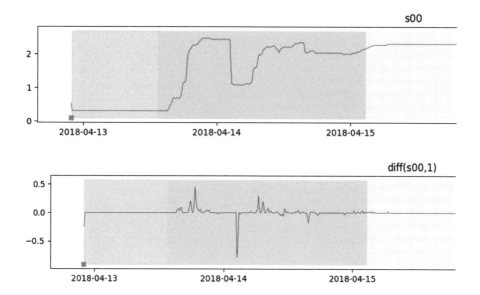

Chapter 1
Chapter 2
Chapter 3
Chapter 4
Chapter 5
Chapter 6

移動平均特徴量

一時点の値を単純に使うと、ノイズによる局地的な上下動の影響を強く受けることになります。そうではなく、もう少し広い範囲でのトレンドを特徴量に反映させたい場合には、移動平均値を使います。

次の関数で、移動平均特徴量を生成します。

```python
def generate_moving_average_features(df, window):
    return df.rolling(window=window).mean().bfill().rename(
        columns={col: f"ma({col},{window})" for col in df.columns}
    )
```

1回目の故障が起こるまでのs06のウィンドウサイズ20（＝200分）の移動平均特徴量を生成する例は次のとおりです。

```python
tmp_df = df.loc[:broken_indices[0], ["s06", "machine_status"]]
plot_anomaly_list(
    pd.concat([
        tmp_df,
        generate_moving_average_features(tmp_df[["s06"]], window=20)
    ], axis=1),
)
```

プロットした結果は次のとおりです。

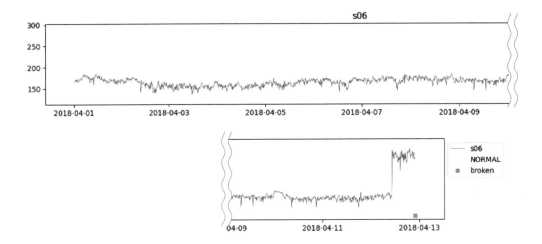

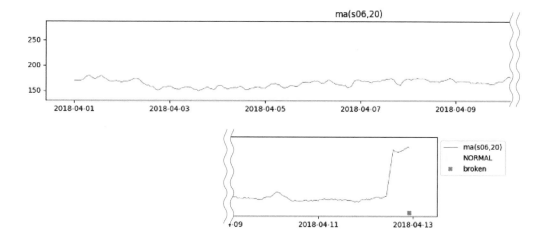

　生成された ma(s06,20) は、局地的なノイズが除かれ、より広範囲での傾向を捉えた特徴量になっていることがわかります。

　なお、移動平均にした場合、ウィンドウ内にパルス的な極端な値が1つでも入っていると平均値がその影響を受けて大きく変わってしまいます。それを避けたい場合は、平均の代わりに中央値を用いる、ウィンドウ内のはずれ値を事前に除去した平均にする、などの工夫が考えられます。移動平均には、ほかにもどの集約関数を使うか（平均・中央値・最大値・最小値・標準偏差など）によってバリエーションがあり、まとめてローリング特徴量とも呼ばれます。

▶ 移動平均ラグ特徴量

　移動平均特徴量は、ラグ特徴量と組み合わせられます。つまり、過去時点の値を移動平均特徴量にして使うということです。これにより、移動平均特徴量と同様に、過去の値のトレンドを捉えられます。

　移動平均ラグ特徴量は、すでに紹介したラグ特徴量生成関数と、移動平均特徴量生成関数をパイプでつないで実行することで生成できます。次のコードでは、1回目の故障が起こるまでのs06のピリオド10（＝100分）のラグ特徴量と、さらにそのラグ特徴量に対してウィンドウ10の移動平均をとった特徴量の比較を行います。

```
tmp_df = df.loc[:broken_indices[0], ["s06", "machine_status"]]
plot_anomaly_list(
    pd.concat([
        tmp_df,    # 元のセンサーデータ
        generate_lag_features(tmp_df[["s06"]], periods=10),    # ラグ特徴量
        generate_lag_features(tmp_df[["s06"]], periods=10).pipe(
            generate_moving_average_features,
            window=10,
        ),    # 移動平均ラグ特徴量
    ], axis=1),
)
```

　結果は次のとおりです。ラグ特徴量lag(s06,10)よりも移動平均ラグ特徴量ma(lag(s06,10),10)の方がなめらかに遷移していることがわかります。

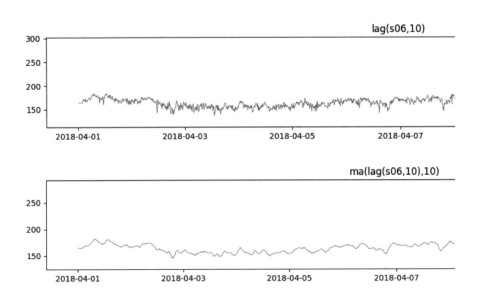

移動平均差分特徴量

　ラグ特徴量と同様に、差分特徴量も移動平均と組み合わせた特徴量を生成できます。次のコードでは、1回目の故障が起こるまでのs06のピリオド10（＝100分）の差分特徴量と、さらにその差分特徴量に対してウィンドウ10の移動平均をとった特徴量の比較を行います。

```
tmp_df = df.loc[:broken_indices[0], ["s06", "machine_status"]]
plot_anomaly_list(
    pd.concat([
        tmp_df,  # 元のセンサーデータ
        generate_diff_features(tmp_df[["s06"]], periods=10),  # 差分特徴量
        generate_diff_features(tmp_df[["s06"]], periods=10).pipe(
            generate_moving_average_features,
            window=10,
        ),  # 移動平均差分特徴量
    ], axis=1),
)
```

　結果は次のとおりです。移動平均ラグ特徴量と同様に、移動平均差分特徴量ma(diff (s06,10),10)は差分特徴量diff(s06,10)よりもなめらかに遷移していることがわかります。

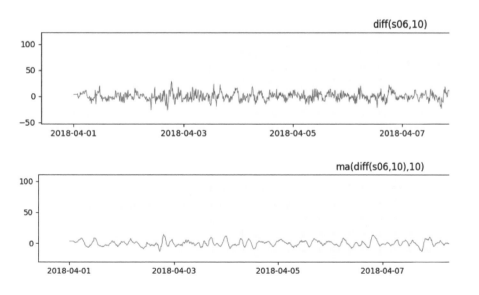

特徴量選択

　これらの特徴量をピリオドやウィンドウのバリエーションをもたせて全通り作ると、特徴量の総数が非常に多くなり、学習時に時間がかかってしまいます。また、似たような特徴量も増えるので無駄も多くなります。事前に似たような特徴量をなるべく削減しておけるとよさそうです。

　まずは、これまでの特徴量生成の実装を呼び出す関数`generate_features`を定義しておきます。

```python
def generate_features(df, period, window, use_median, use_lag):
    new_df = df.copy()
    if period != None:
        if use_lag:
            func = generate_lag_features
        else:
            func = generate_diff_features

        new_df = new_df.pipe(func, periods=period)

    if window != None:
        if use_median:
            func = generate_moving_median_features
        else:
            func = generate_moving_average_features

        new_df = new_df.pipe(func, window=window)

    return new_df
```

　次に、相関の高い特徴量を除いた上で特徴量を生成する関数を実装します。

　`drop_highly_correlated_columns`関数は、生成した特徴量のうち、相関係数が0.7を超える特徴量の組については、最初の特徴量だけを残しています。これを元のセンサーデータごとに実施し、最終的な特徴量のセットを構築します。

Chapter 1

Chapter 2

Chapter 3

Chapter 4

Chapter 5

Chapter 6

```python
def drop_highly_correlated_columns(df):
    melted_corr = (
        df[df.describe().columns]
        .corr()
        .where(lambda df: np.triu(np.ones(df.shape), k=1).astype(bool))
# 上三角部分のみ残す
        .reset_index()
        .melt(id_vars="index")
        .where(lambda df: df["index"] != df["variable"])
        .where(lambda df: df["value"] > 0.7)
        .dropna()
        .sort_values(["index", "variable"])
    )
    drop_columns = sorted(list(set(melted_corr["variable"])))
    return df.drop(columns=drop_columns)


def select_features(df: pd.DataFrame):
    periods = [None, 1, 3, 6, 12, 18]
    use_lags = [True, False]
    windows = [None, 1, 3, 6, 12, 18]
    use_medians = [True]

    result_df = df.copy()
    selected_feature_params = []
    for original_col in df.filter(regex="^s\d\d").columns:
        print(original_col)
        new_dfs = []
        for period, window, use_lag in product(
            periods, windows, use_lags,
        ):
            if period is None and window is None:
                continue

            if period is None and use_lags:
                continue

            sensors_df = df[[original_col]]
            new_df = generate_features(
```

```
                sensors_df, period, window,
                use_median=True, use_lag=use_lag
            )
            new_dfs.append(new_df)

        features_df = pd.concat(new_dfs, axis=1)
        print(features_df.shape)
        features_df = drop_highly_correlated_columns(features_df)
        print(features_df.shape)

        result_df = pd.concat(
            [result_df, features_df],
            axis=1
        )
        print()

    print(f"selected: {result_df.columns}")
    return result_df, selected_feature_params
```

　次のコードで適用します。normal_dfは、元のdfのうち、machine_statusがNORMAL
のレコードのみを抽出したものです。これを入力として、特徴量を生成します。

```
normal_df = df[df["machine_status"] == "NORMAL"].drop(columns=["machine_status"])
features_df, selected_feature_params = select_features(normal_df)
```

　これにより、1020個ほどの特徴量を226個まで絞ることができました。このfeatures_
dfをモデルの学習・予測で使います。

アルゴリズムの選定・評価方法の選定

Isolation Forest

Isolation Forest（アイソレーション・フォレスト） は、異常検知の代表的な手法の1つで、ランダムフォレストを用いた教師なし学習を行います。ランダムに選択された特徴量の値分割を、最終的に観測点が孤立するまで繰り返します。繰り返しの分割を木構造で表現したとき、複数の木構造からなるフォレストを形成します。木構造の集合として見たとき、特定の観測点について、ルートノードから孤立するまでの距離（深さ）が平均的に短い場合、その観測点は異常である可能性が高いと見なします。これは、より早いタイミング（より少ない条件）で孤立させられるということは、ほかの多数の観測点とは異なる傾向をもつ可能性が高いということを意味します。

Local Outlier Factor

Local Outlier Factor（局所はずれ値因子法、LOF） も、異常検知のポピュラーな手法です。基本的なアイデアとしては、各観測点のk個の最近傍点を基にして計算された局所的な密度を、その近傍群の局所密度と比較したとき、周囲と比較して密度が低い点をはずれ値と見なすという考え方です。次の図では、右側の点集合同士は互いに同等程度の密度となる一方で、点Aは、右側の点集合と近傍点であるにもかかわらず、局所密度がほかの点と比べてずっと小さいため、はずれ値と見なすことができます。

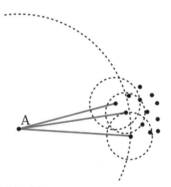

局所密度を示す図
（Wikipedia https://ja.wikipedia.org/wiki/局所外れ値因子法 より）

▶ アルゴリズムの比較

　両者はともに教師なし学習のアルゴリズムですが、Isolation Forestはデータからパラメータを学習し、ランダムフォレストのモデルを生成します。一方で、LOFはパラメータの学習を行わないモデルフリーなアルゴリズムです。学習・予測を行う際には、これらの差に気を付ける必要があります。Isolation Forestはパラメータを学習するので、学習データでモデルを学習した後は、運用時には運用データのみを与えて異常検知予測を行うことができます。一方で、LOFはパラメータの学習を行わないので、常に予測を行うときに与えたデータのみを使って異常検知を行います。そのため、実運用時にどのようにデータを与えるかは適切に設計しておく必要があります。入力データをこれまでの蓄積データ全て、とした場合、データが蓄積すればするほど精緻な検知を期待できるかもしれませんが、その一方で、計算にかかる時間がどんどん増えていってしまいます。現実的には、それらのトレードオフを考慮して、直近××カ月分のデータ、のように期間を定めてデータを使用する、といった折衷案が考えられます。

＞ 機械学習モデルの学習・予測

　では、先ほど紹介した2つのアルゴリズムで学習・予測を行います。

▶ Isolation Forest

　まずは、パイプラインを作成する関数を実装します。この関数はIsolation ForestとLOFに対して共通で利用します。

```python
def create_preprocessor(numeric_feature_names: list[str]):
    numeric_transformer = Pipeline(steps=[
        ('scaler', StandardScaler())
    ])
    preprocessor = ColumnTransformer(
        transformers=[
            ('num', numeric_transformer, numeric_feature_names),
        ]
    )
    return preprocessor
```

```
def create_pipeline(anomaly_detector, numeric_feature_names: list[str]):
    pipeline = Pipeline([
        ('preprocessor', create_preprocessor(
            numeric_feature_names=numeric_feature_names
        )),
        ('anomaly_detector', anomaly_detector),
    ])
    return pipeline
```

　パイプラインはsklearnモジュールのPipelineクラスで実装されており、'pre pro
cessor'と'anomaly_detector'の2ステップで構成されます。'preprocessor'では、
数値特徴量に対してStandardScalerによって標準化が実行されます。どのカラムが数値
特徴量かは、引数で指定します。

　'anomaly_detector'では、指定した異常検知に対応したsklearn準拠のモデルが用
いられます。Isolation Forestで異常検知を行う場合は、次のようにIsolationForestの
インスタンスを指定します。学習パラメータはこのとき与えておきます。

```
pipeline_isolationforest = create_pipeline(
    anomaly_detector=IsolationForest(
        random_state=1234,
    ),
    numeric_feature_names=features_df.columns.tolist()
)
```

　作成したパイプラインに対して fit 関数を実行します。これによって、パイプラインのインスタ
ンスに対して predict関数やdecision_function関数を実行できるようになります。

```
pipeline_isolationforest.fit(features_df)
```

次に、予測（異常検知）を行う関数を実装します。

```python
def predict(df, predicted_func, score_func):
    predictions_df = pd.DataFrame(
        predicted_func(df),
        index=df.index,
        columns=["predicted"]
    )
    scores_df = pd.DataFrame(
        score_func(df),
        index=df.index,
        columns=["score"]
    )
    result_df = (
        pd.DataFrame(
            index=pd.date_range(
                start=df.index.min(), end=df.index.max(), freq="10T"
            )
        )
        .join(predictions_df)
        .join(scores_df)
    )
    return result_df
```

この関数では、異常かどうかを示すpredictedカラムと、異常の度合いを示すscoresカラムをもつresult_dfを生成します。predicted_funcとscore_func は、それぞれ予測結果とスコアを出力する関数です。Isolation ForestとLOFはともに sklearnのクラスを用いますが、予測結果やスコアを出力する関数の仕様がそれぞれ異なるため、このようなインターフェースにしています。

次のコードで実行します。

```
predicted_isolationforest_df = predict(
    features_df,
    predicted_func=pipeline_isolationforest.predict,
    score_func=pipeline_isolationforest.decision_function,
)
```

実行すると、次のような結果を得ます。

index	predicted	score
2018-04-01 0:00:00	1	0.085347
2018-04-01 0:10:00	1	0.088031
2018-04-01 0:20:00	1	0.095888
2018-04-01 0:30:00	1	0.106469
2018-04-01 0:40:00	1	0.103106

　次に、この異常検知の結果を入力として可視化を行う関数を実装します。紙面の都合上、全てを載せることはしません。実装のplot_predicted_result関数、およびplot_predicted_results関数をご参照ください。

　次のコードで可視化を実行します。thresholdには、予測スコアを区切って正常、異常を判定するための閾値を指定します。

```
plot_predicted_results(
    predicted_isolationforest_df,
    original_df=df,
    threshold=0.08,
)
```

結果は次のとおりです。7件の異常で区切った8区間それぞれについて、正常または異常と予測した点、予測スコアがプロットされます。

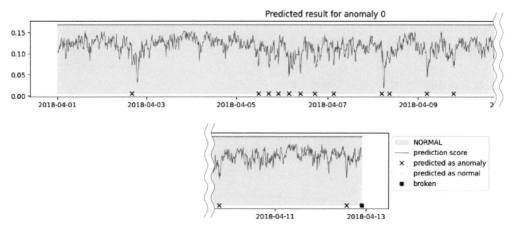

（紙面の都合により省略）

▶ Local Outlier Factor

次に、LOFで故障予兆を予測します。Isolation Forest と同様に、パイプラインを生成します。

```
pipeline_lof = create_pipeline(
    anomaly_detector=LocalOutlierFactor(
        n_neighbors=20,
    ),
    numeric_feature_names=features_df.columns.tolist()
)
```

anomaly_detectorにはLocalOutlierFactorを指定します。

Isolation Forest ではこの後パイプラインに対するfitを実行していましたが、LOFでは fit_predictを実行します。これは、前項で述べたように、Isolation Forestではパラメータを学習する一方で、LOFでは学習しないという差から来るものです。

先ほどと同様にpredictを実行します。predicted_funcにfit_predictを指定します。また、score_funcにはfit_predict実行済みのestimatorのインスタンスに対して参照できるnegative_outlier_factor_を指定します。これは、通常の estimatorのdecision_functionのようなものですが、メソッドではなくプロパティ値としてもっている点に注意が必要です。predictに与える際も、インターフェースをそろえるため、ラムダ式を使って関数として渡しています。

```
predicted_lof_df = predict(
    features_df,
    predicted_func=pipeline_lof.fit_predict,
    score_func=lambda x: pipeline_lof[1].negative_outlier_factor_,
)
```

結果は次のとおりです。

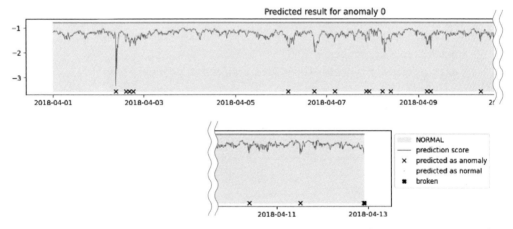

（紙面の都合により省略）

> 機械学習モデルの評価

> でたらめでないことの確認

2つのアルゴリズムで故障予兆の発生を予測しましたが、それらは果たして妥当な結果なのでしょうか。もしかしたら、全くでたらめに予測を出しているかもしれません。そこで、少なくともでたらめに予測を出していないことを確認するため、2つのアルゴリズムでの予測結果を比較してみます。これにより、もし両者が同じような傾向をもっている場合、少なくともでたらめに予測をしているわけではなく、何かしらデータから特徴を抽出した上で予測結果を出していることがわかります。

プロット関数を使って、1つ目の異常が起こる直前1日分について、LOFとIsolation Forestの予測スコアの比較を行います。

```
end = broken_indices[1]
begin = end - pd.Timedelta(days=1)

plot_predicted_results(
    predicted_lof_df[begin:end],
    extra_result_df=predicted_isolationforest_df[begin:end],
    original_df=df,
    score_label="Prediction Score (LOF)",
    extra_score_label="Prediction Score (Isolation Forest)"
)
```

結果は次のようになります。両者のアルゴリズムの予測結果の傾向が大局的には一致していることがわかります。紙面の都合上、ある一日分のみ抜粋して記載していますが、他の箇所も同様に、大局的に一致している傾向が読み取れます。

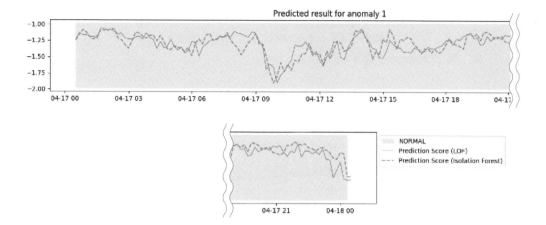

Chapter 1
Chapter 2
Chapter 3
Chapter 4
Chapter 5
Chapter 6

▶ 評価にはドメイン知識が必要

　2つのアルゴリズムの予測結果の比較により、全くでたらめに予兆を予測しているわけではなさそうということがわかりました。しかし、検知された予兆がその後の故障と結びつくものなのか、実は別の故障の予兆が現れているのか、あるいは故障とは関係ない原因に起因するものなのか、あるいはただのノイズを拾ってしまっているだけなのか、何もわからない状態です。

　教師あり学習では教師ラベルをどのくらい当てられているかに基づく評価ができますが、教師なし学習においてはそのような評価はできません。今回は故障予兆のラベルがないため、どれだけアルゴリズムが正確な判定をしていたとしても、定量的な評価はできない状況です。

　では、今回の分析結果をどのように結論付ければよいのでしょうか。仮にあなたが豊富なドメイン知識を有している場合、各予測結果に対して、「確かにこのセンサーがこういう挙動を見せているから次の故障の予兆だな」と気付けるかもしれません。しかし、今回あなたはそういったポンプに関するドメイン知識はもち合わせていません。そのため、ドメイン知識をもつ有識者、つまり熟練の点検作業者に確認を取る必要があります。その際、ただ「1回目の故障では3時間前に予兆ありと予測していますがどうでしょうか」と尋ねたところで、熟練作業者であってもその妥当性を判断することは難しいでしょう。「1回目の故障では3時間前に予兆ありと予測しており、主な根拠はこのカラム（センサー値、あるいはセンサー値を基にした特徴量）です」まで特定できているのが最低ラインだと考えます。そこで、予測の根拠となる特徴量を特定するための実装を行います。

予測の根拠となる特徴量の提示

予測の根拠となる特徴量を提示する手法は多くの提案手法が存在しています※が、ここでは非常にシンプルな方法のみを紹介します。

次の関数は、ある特徴量について、各特徴量が予測スコアにどの程度の影響を及ぼすかを計算するものです。具体的には、特徴量をランダム値にしたときのスコアを計算し、元のスコアとの差の100個分の平均をその特徴量の影響度と定義しています。こちらはdfを入力としたscore_funcが存在していることを前提としているため、LOFには適用できない点にご注意ください。

※特徴量の根拠を提示する手法についての詳細は、章末の参考文献より［森下21］をご参照ください。

```python
def calc_contribution_score(df, original_df, feature_name, score_func):
    score = score_func(df)
    u_limit = original_df[feature_name].max()
    l_limit = original_df[feature_name].min()

    assert len(df) == 1

    result_df = pd.DataFrame(index=df.describe().columns.tolist())
    new_scores = []
    for col in df.describe().columns:
        random_values = np.random.uniform(l_limit, u_limit, 100)
        new_df = pd.concat([df] * 100, ignore_index=True)
        new_df[col] = random_values
        new_scores.append(score_func(new_df).mean())

    result_df["score"] = new_scores - score
    result_df = result_df.sort_values("score")
    display(result_df.head())
    display(result_df.tail())
```

次のコードでは、Isolation Forestが1つ目の故障が発生するまでで最低のスコアを出した時点（2018-04-02 19:00:00）について関数を実行し、影響度の大きい特徴量を列挙します。

```
for broken_index in broken_indices:
    idx = predicted_lof_df.loc[
        predicted_lof_df.index < broken_indices[0],
        'score'
    ].idxmin()
    display(predicted_isolationforest_df.loc[[idx]])

    calc_contribution_score(
        df=features_df.loc[[idx]],
        original_df=features_df,
        feature_name=col,
        score_func=pipeline_isolationforest.decision_function,
    )
```

結果は次のとおりです。

	predicted	score
2018-04-06 17:40:00	1	0.075877

	score
mm(diff(s08,1),6)	-0.0106
diff(s13,12)	-0.008133
s13	-0.007904
diff(s00,3)	-0.007625
diff(s15,12)	-0.007556

　この結果によると、最も影響が大きかった特徴量はmm(diff(s08,1),6)、つまりs08センサーの10分差分・60分移動中央値特徴量ということがわかります。

　これにより、予測の根拠となる特徴量を特定できました。これを分析結果としてまとめて顧客に報告した後、うまくいけば、予測結果が実際に故障の予兆なのかどうかの切り分けができ

る可能性が見えてきました。そうすれば、予兆のラベルを付与でき、教師あり学習として解くことで、より精緻な予測のできるモデルを構築することが期待できます。

Section 04 まとめ

　このSectionでは、浄水場のポンプの異常検知を行うユースケースを紹介しました。時系列データを扱う場合には、本Sectionで紹介したような特有の特徴量が必要となります。代表的な異常検知のアルゴリズムとして、Isolation Forest と Local Outlier Factor を紹介しました。

　今回のように教師なし学習として課題に取り組む場合は、定量評価を行うことが難しいことがままあり、何を目指せばよいのか（何を達成できればOKなのか）自体を定義する必要が生じてきます。その際にも本来の目的から脱線せず、あるべき姿を顧客とともに見いだしていく姿勢が求められます。

参考文献
- [島田19]:『時系列解析』島田真希（2019）共立出版株式会社
- [森下21]:『機械学習を解釈する技術』森下光之助（2021）技術評論社

Chapter

4

さまざまな
データを
取り扱ってみよう

Section
01　Chapter 4 について

イントロダクション

　Chapter 2では、機械学習の基本的な知識に焦点を当て、数値データという最もシンプルな形式のデータを扱いました。続く Chapter 3では、数々のアルゴリズムを紹介し、その適用方法や特徴について学びました。この Chapter 4では、機械学習がさらに多様で複雑なデータとどのように関わるか、その取り扱い方を深掘りします。

　現代社会では、テキストや画像といった非数値データが日常の中であふれています。SNSの投稿、デジタルカメラでの写真、Eメールやドキュメントとしてのテキスト情報など、これらのデータを有効に活用することで、多岐にわたる解析や予測が可能となります。ただし、これら非数値データを効果的に機械学習モデルに取り込むには、特定の前処理や変換が欠かせません。

　この Chapter では、とくにテキストデータと画像データの取り扱い方を中心に解説します。これらは、私たちの日常やビジネスの中で非常に頻繁に使われるデータ形式であり、さまざまな応用シナリオでの活用が期待されます。一方、音声や映像などのより専門的なデータについては今回は取り扱いませんが、将来的にさらなる学習の一環として参考書籍などを通じて取り組んでいただくことを推奨します。

Chapter 2で取り扱ったデータは基本的に数値データのみでした。数値データは機械学習アルゴリズムと親和性が高く、そのまま学習に使うことができます。一方、それ以外の形式のデータを学習に使うには前処理を行うなど少し工夫が必要になります。その代表例が次のデータです。

- **テキストデータ★**
- **画像データ★**
- **音声データ**
- **映像データ**

　本書では、★が付いているものを解説します。その他のアルゴリズムに関しては申し訳ありませんが、本書では取り扱いません。★と比較するとよりアドバンスドな内容になるためです。本書では★をまず学び、その後別の書籍などで学んでいただくとよいのではないかと思います。

　Chapter 4では「テキストデータ」「画像データ」をほかのChapterと同様に、事例をベースに解説します。アルゴリズムとしては回帰アルゴリズムあるいは分類アルゴリズムを用います。イメージとしては次図のような感じです。Chapter 3、4でアルゴリズム軸、データ軸でそれぞれの応用方法を学び、そのテクニックを組み合わせることでよりさまざまなユースケースに対応できるようになるはずです。

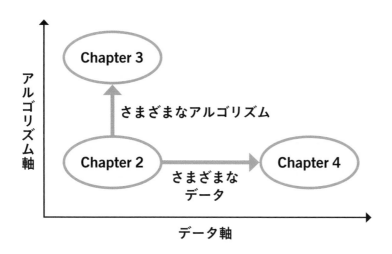

Chapter 1
Chapter 2
Chapter 3
Chapter 4
Chapter 5
Chapter 6

Chapter 4の中では順番は問わず、どれから読んでいただいても構いません。興味があるものや、いま必要そうなものから読んでみてください。また、Chapter 4でもChapter 2で使った機械学習プロジェクトテンプレートを使います。もう一度復習したい方は「2.1 Chapter 2について」に戻って内容を確認してください。

Section 02 テキストデータ：商品の口コミを分析してみよう

イントロダクション

　このChapterではテキストデータの取り扱いについて学びます。テキストデータは、顧客のレビューや、製品の説明文といったどんな会社にも存在する一般的なデータです。ただし、これを機械学習に適用するには、注意が必要となります。どのように利用できるのか、一緒に見ていきましょう。

　あなたは、コンビニエンスストアを運営する会社に勤務しています。あなたの会社の商品の1つとして、おにぎりを取り扱っており、新商品のおにぎりを販売開始しました。ある日、あなたの上司から「新商品の評判をSNSで調査したいんでよろしく」と要望を受けました。またぼんやりしたお願いだなと思いながら、あなたはどうやって実現するか考え始めます。

ビジネス課題分析

> 解決したい課題は何か？

　今回のリクエストは「新商品の評判を調査したい」です。まずは、このリクエストにどういった背景があるかを考えたり、質問したりすることが重要です。上司や関係するメンバーへのヒアリングを行った結果、次のような背景があることがわかりました。

　現在、あなたの会社では、ユーザーの反応を見るためにマーケティングチームがツールを用いてSNS上のユーザーのコメントを収集しています。ただ、コメント数が膨大で全体の傾向をつかむのに苦労していることがわかりました。

　背景は整理できました。解決したい課題は「収集したSNS上のコメントの傾向把握」といい換えられそうです。

> 予測したい値は何か？ どんなアクションに使えるか？

　「収集したSNS上のコメントの傾向把握」を機械学習の世界に適用できるように考えてみます。今回のケースでは、機械学習の文脈では「コメントの感情分析（ネガポジ分析）」と捉えられそうです。感情分析とは、文章に含まれる感情表現を抽出して文章中の感情の分析することを指します。その中でとくにネガポジ分析とは、文章がネガティブかポジティブかを分析することです。このとき「予測したい値」は「ポジティブ度（ネガティブ度）」になりそうです。「ポジティブ度（ネガティブ度）」がわかれば、ある商品に対するコメントがポジティブな内容なのか、ネガティブな内容なのか、が定量的に判定できます。

　また、「この予測したい値を用いたアクション」を考えてみると、例えば次のようなことが考えられそうです。

- 企画チームが評判のよいおにぎりを知ることにより、次回以降の商品企画に活用する
- マーケティングチームのメンバーが評判の悪いおにぎりのコメント（口コミ）をより詳細に分析し、ユーザーからの印象をよくするようにマーケティングを行う

▶ 特徴量として何が使えるか

あなたは会社のデータベース一覧を調べ、次の情報を使えることがわかりました。

- **SNS上に投稿された新商品へのユーザーのコメント**

今回はこのデータを用いて機械学習プロジェクトを進めましょう。

Chapter 1
Chapter 2
Chapter 3
Chapter 4
Chapter 5
Chapter 6

フェーズB データ分析、機械学習

フェーズBの項目をおさらいしましょう。フェーズBでは次のような作業を行います。

- データ収集
- データ観察
- 特徴量エンジニアリング
- アルゴリズムの選定・評価方法の選定
- 機械学習モデルの学習
- 機械学習モデルを使った予測
- 機械学習モデルの評価

▶ データ収集

まず、プロジェクトを始めるためにデータを収集していきましょう。フェーズBで使えることがわかった「SNS上に投稿された新商品へのユーザーのコメント」は会社のデータベースに保存されていることがわかりました。今回は手元にそのデータをダウンロードするという前提で進めましょう。

データ観察

前のステップでダウンロードしたデータを観察していきましょう。このステップの目的はいくつかありますが、一言でいえば、実際にどんなデータなのかを確認することです。

本書ではサンプルデータとして梶原らが提供している WRIME：主観と客観の感情分析データセットを用います（https://github.com/ids-cv/wrime）。このデータセットは、短い文章に次のような感情強度をラベル付けしたものです。このデータを SNS 上のレビューコメントとして今回は進めていきます。

- 梶原智之, Chenhui Chu, 武村紀子, 中島悠太, 長原一. 主観感情と客観感情の強度推定のための日本語データセット. 言語処理学会第27回年次大会, pp.523-527, 2021.

	Sentence	Avg. Readers_Joy	Avg. Readers_Sadness
0	ぼけっとしてたらこんな時間。チャリあるから食べにでたいのに...	0	2
1	今日の月も白くて明るい。昨日より雲が少なくてキレイ？と立ち止まる帰り道。チャリなし生活も...	1	0
3	眠い、眠れない。	0	1
4	ただいま？って新体操してるやん!外食する気満々で家に何もないのに!テレビから離れられない...!	1	0
5	表情筋が衰えてきてる。まずいな...	0	1

前述したように、新商品のおにぎりに対するユーザーの反応を見るためにマーケティングチームがツールを用いて SNS 上のユーザーのコメントを収集しました。

データセットは GitHub 上に公開されているので次のコマンドでダウンロードしてください。

```
$ cd path/to/python-business-ml-starter # python-business-ml-starterのリポジトリに移動してください
curl -o wrime.tsv https://raw.githubusercontent.com/ids-cv/wrime/master/wrime.tsv
```

※インターネット接続がある環境で実行してください。
※上記の URL は変更されている場合があります。ダウンロードできない等の問題が発生した場合は、WRIME の公式サイト（https://github.com/ids-cv/wrime）をご確認ください。
※これらのデータは実際には商品のレビューコメントではありませんが、ネガポジ分析という観点では同じように利用できるためご容赦ください。

まずはダウンロードしたデータをpandasで読み込んで確認しましょう。

```
df = pd.read_csv("wrime.tsv", sep='\\t')
```

　読み込んだデータにはたくさんのカラムがあるのですが、今回は理解のしやすさを優先して使用するデータを絞り込みたいと思います。

```
df = df[['Sentence', 'Avg. Readers_Joy', 'Avg. Readers_Sadness']] # (1) 3つのカラムに限定
df.head()
```

　結果として、次のようなデータを絞り込めたことが確認できるでしょう。

Sentence	Avg. Readers_Joy	Avg. Readers_Sadness
ぼけっとしてたらこんな時間。チャリあるから食べにでたいのに…	0	2
今日の月も白くて明るい。昨日より雲が少なくてキレイな？と立ち止まる帰り道。チャリなし生活も…	1	0
眠い、眠れない。	0	1
ただいま？ って新体操してるやん！ 外食する気満々で家に何もないのに！ テレビから離れられない…！	1	0
表情筋が衰えてきてる。まずいな…	0	1

　ここでデータの内容を説明すると、SentenceはX（旧Twitter）のようなマイクロブログの投稿です。 これに複数人（筆者本人＋クラウドワーカー3人）で「このテキストはどういった感情をもっているか」を、各感情の強度を4段階（0：無、1：弱、2：中、3：強）でラベル付けしています。詳細はURL（https://github.com/ids-cv/wrime）を参考にしてください。ここでは使用するカラムのみ説明します。Avg. Readers_Joyは「喜び」の平均値、Avg. Readers_Sadnessは「悲しみ」の平均値を表しています。今回は、Avg. Readers_JoyとAvg. Readers_Sadnessを予測したい値としましょう。いままで説明したように、機械学習モデルで予測できるのは1つのカラムだけなので、この2つは同時には予測できませんが、上手く1カラムにします。詳しくは特徴量エンジニアリングの前処理の項で詳しく説明します。

特徴量エンジニアリング

このデータを使って特徴量の生成を行います。

ライブラリ

本Sectionでは、他Sectionで使ってきた基本ライブラリとは別にSudachiPyと Gensimを用います。

テキストを機械学習モデルに利用する

これまでの章で解説してきたように、機械学習の入力は最終的には数値データである必要があります。例えば「こんにちは」というテキストを直接予測器に入力することはできません。そこで「何らかの方法」で「こんにちは」というテキストを「2.4, 5.3, ...」のような数値データに変換してから予測器に入力して学習、予測を行う必要があります。これからその「何らかの方法」を説明します。

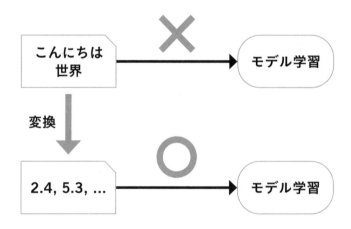

▶ 形態素解析

　テキストを数値データに変換するために、まずは文や文章を細かく分割する必要があります。そこでよく使われるのが**形態素解析**です。

　形態素解析はテキストを処理する手法です。「こんにちは、私は田中です。」というような文を「こんにちは / 、 / 私 / は / 田中 / です / 。」というように形態素に分割する方法です。例として次の図を見てください。

トンネルを抜けると雪国だった

| トンネル | を | 抜ける | と | 雪国 | だっ | た |

　形態素というのは名詞、動詞や助詞のように言語で意味をもつ最小の分割単位のことです。簡単に考えると、単語のことをいうと考えてしまっても問題はありません。これ以降では、わかりやすさを優先して「単語」と記載します。正確には単語と形態素は異なるもので、興味がある方は参考文献を読んでみてください。

> **Note**
>
> 形態素解析は英語に対しては実施する必要がありません。英語では Hello, I am Tanaka のようにスペースで単語が区切られているため、スペースで分割するだけで「Hello / , / I / am / Tanaka」のように同様な結果を得ることが可能です。

形態素解析は文法や辞書を基に行うため、これらを個人的に開発するのは現実的ではありません。幸いなことにOSSとして公開されている形態素解析エンジンは数多く存在しているので、それらを使うとよいでしょう。有名な形態素解析ライブラリとして次のライブラリがあります。

- **Mecab**
- **Sudachi**
- **JUMAN**

　ここでは試しにSudachiPyを使って文章を形態素解析してみましょう。まずsudachipyと辞書ライブラリであるsudachidict_coreをインストールします。

```
$ pip install sudachipy sudachidict_core
```

インストールしたらPythonで使ってみましょう。

```
from sudachipy import dictionary
tokenizer_obj = dictionary.Dictionary().create()

for token in tokenizer_obj.tokenize("長いトンネルを抜けると雪国であった。"):
    print(token.surface(), token.part_of_speech())

# 長い ['形容詞', '一般', '*', '*', '形容詞', '連体形-一般']
# トンネル ['名詞', '普通名詞', 'サ変可能', '*', '*', '*']
# を ['助詞', '格助詞', '*', '*', '*', '*']
# 抜ける ['動詞', '非自立可能', '*', '*', '下一段-カ行', '終止形-一般']
# と ['助詞', '接続助詞', '*', '*', '*', '*']
# 雪国 ['名詞', '普通名詞', '一般', '*', '*', '*']
# で ['助動詞', '*', '*', '*', '助動詞-ダ', '連用形-一般']
# あっ ['動詞', '非自立可能', '*', '*', '五段-ラ行', '連用形-促音便']
# た ['助動詞', '*', '*', '*', '助動詞-タ', '終止形-一般']
# 。 ['補助記号', '句点', '*', '*', '*', '*']
```

このように文章を分割できました。

形態素解析でこのように文章を形態素に分割できましたが、これだけではまだ機械学習モデルの学習用のデータとしては不十分です。ここから必要な手法を紹介します。

▶ Bag-of-Words

　Bag-of-Words（BoW）は、分割した形態素を数値データに変換する手法です。Bag-of-Wordsはある文章に出現した形態素の数をカウントして次のような表を作成します。

文章	昨日	今日	明日	晴れ	曇り	雨	……
昨日と今日は曇りの予報でした	1	1	0	0	1	0	……
今日は晴れでした	0	1	0	1	0	0	……
明日は雨の予報です	0	0	1	0	0	1	……

「昨日と今日は曇りの予報でした」という文の中には、次の要素がそれぞれ1回ずつ登場します。

- **昨日**：1回
- **今日**：1回
- **曇り**：1回

　昨日、今日、曇りの列が1になっていて、明日、晴れ、雨という登場していない形態素は0になっています。このように文章から数値に変換できます。

　BoWモデルには次のような制約があります。

1. **文脈の欠如**：BoWは単語の出現頻度のみを考慮し、単語の順序や文脈を無視します。このため、「彼は犬が好きではない」と「彼は犬が好き」という異なる意味のフレーズが同じように表現される可能性があります。
2. **スパース性**：語彙が大きくなると、ほとんどのドキュメントは語彙のごく一部しか含まないため、生成されるベクトルは非常にスパース（0が多い）になります。
3. **高頻度単語の問題**：BoWは頻繁に出現する単語（例えば、"the", "is", "and"などのストップワード）を高く評価する可能性があります。これは、特定のドキュメントやトピックを識別する上で重要な情報を欠いている可能性があります。

これらの問題を解決するために、TF-IDFのようなほかの手法が開発されてきました。これらは、各単語がどれだけ情報をもっているか（つまり、どれだけ希少か）を考慮に入れ、単語の重要性をより適切に評価することを目指しています。

　分割した形態素を数値データに変換する一般的な方法の1つがBag-of-Wordです。このように形態素の数をカウントすることによって、文章を0, 1, 2, ... のように数値データに変換できました。Bag-of-Wordsは文章を機械学習モデルの学習用のデータに変換する1つの手法です。一方でこの手法には、形態素の前後関係や順序が考慮されていない、などの問題点があります。

▶ TF-IDF

　TF-IDFは、情報検索やテキストマイニングなどに使われる一般的な手法で、「Term Frequency-Inverse Document Frequency」の略です。その目的は、ドキュメントのコレクション内で各単語の重要度を評価することです。

　TF-IDFは2つの異なるメトリクス、すなわち「Term Frequency」（TF）と「Inverse Document Frequency」（IDF）を組み合わせて計算されます。

1. **Term Frequency (TF)**：これは、特定のドキュメント内で単語が出現する頻度を表します。一般的には、ドキュメント内で単語が頻繁に出現するほど、その単語はドキュメントの主題を表す可能性が高いと考えられます。TFは以下の式で計算されます。

$$TF(t, d) = (\text{t がドキュメント d に出現する回数}) \div (\text{ドキュメント d にある全単語の数})$$

2. **Inverse Document Frequency (IDF)**：これは、全ドキュメントにわたって単語が出現する頻度の逆数を表します。一般的には、ある単語が多くのドキュメントに出現するほど、その単語の重要性は低くなります（例えば、「と」や「は」などの一般的な接続詞）。

IDFは以下の式で計算されます。

$$IDF(t, D) = log_e (全ドキュメント数 \div tが出現するドキュメント数)$$

それぞれのドキュメントに対する単語のTF-IDFスコアは、その単語のTF値とIDF値の乗算により計算されます。

$$TF\text{-}IDF(t, d, D) = TF(t, d) \times IDF(t, D)$$

つまり、TF-IDFはある単語が特定のドキュメント内でどれだけ重要であるかを数値化したもので、単語の出現頻度とその希少性をバランスよく反映しています。TF-IDF値が高ければ高いほど、その単語はそのドキュメントにとってより重要であると考えられます。

> Word2Vecなどを用いた単語ベクトル

Bag-of-Wordsの一部の問題点を解消する手法として、Word2Vecなどの単語埋め込みモデルが利用されます。単語埋め込みとは、Deep Learningなどの手法を用いて、それぞれの単語に対応する数値ベクトルを計算するものをいいます。初期の理解として、Bag-of-Wordsでは単に単語の出現回数を数値化していましたが、単語埋め込みでは単語の意味や文脈といったより豊かな情報を数値化しています。

Bag-of-Words

昨日	今日
1	1

単語ベクトル

昨日			今日		
1.3	3.5	2.4	0.1	-1.2	5.2

この図に示されているように、単語ベクトルは3つの値をもつことがあります（これを3次元ベクトルと呼びます）。しかしこの次元数は利用者やライブラリによって任意に定められるた

Chapter 1
Chapter 2
Chapter 3
Chapter 4
Chapter 5
Chapter 6

め、4次元のベクトル、100次元のベクトルなど、さまざまな大きさをもつことが可能です。Word2Vecについては、本書の範囲を超えるため詳細な説明は省きます。しかし、興味がある方は次のような書籍やWebサイトなどを参考にすることをおすすめします。

- 『ゼロから作るDeep Learning ❷ ─自然言語処理編』斎藤 康毅（2018）オライリージャパン
- 絵で理解するWord2vecの仕組み
  Qiita https://qiita.com/Hironsan/items/11b388575a058dc8a46a

文章ベクトル

　ここでBag-of-Wordsのように各単語ベクトルを文章に当てはめてみます。Bag-of-Wordsに比べて、ベクトルの大きさ分だけデータが大きくなってしまったことがわかります。ここに例で挙げた例文は単語数が少ないですが、単語数が増えたり、ベクトルが大きくなったりすると列数が膨大になってしまい、取り扱うのが難しくなります。

文章	昨日			今日			……
昨日と今日は曇りの予報でした	1.3	3.5	2.4	0.1	-1.2	5.2	……
今日は晴れでした	0	1	0	0.1	-1.2	5.2	……
明日は雨の予報です	0	0	1	0	0	0	……

　そこで、学習データには生成した単語ベクトルを基に文章全体に対する文章ベクトルを用いるのがより一般的です。次の表が文章ベクトルの例です。

文章	文章ベクトル		
昨日と今日は曇りの予報でした	1.3	3.5	2.4
今日は晴れでした	-5.1	2.0	-1.2
明日は雨の予報です	0.4	-2.1	0.5

単語ごとのベクトルを圧縮してまとめたようなイメージです。文章ベクトルの生成方法はいくつか存在し、単純に全ての単語ベクトルを平均したものを使う場合やDoc2Vecという手法を用いたりします。

• Doc2Vec
https://arxiv.org/abs/1405.4053v2

▶ spaCy と GiNZA

単語ベクトルを得る方法は複数あります。1つの方法がgensimライブラリを用いることです。数年前まで最も一般的だった方法だといえるでしょう。しかし、本書ではここ数年で一気にスタンダードなライブラリになったspaCyを用いた方法を紹介します。spaCyは、インターフェースが洗礼されていることと応用的な使い方にも拡張しやすいことからおすすめのライブラリです。

spaCyとはドイツのExplosion AIが開発しているオープンソースの自然言語処理ライブラリです。比較的新しく開発が始められたこともあり、研究利用だけでなくプロダクションアプリケーションでも使えるように設計されていることが特徴です。APIも洗練されており、これから自然言語処理を行う方はまずspaCyをベースに勉強を進めるのがよいのではないでしょうか。spaCy公式が提供しているオンラインのコースがあるので、より詳しく知りたい方がいればぜひ受講してみてください。

• spaCyを使った先進的な自然言語処理・無料のオンラインコース
https://course.spacy.io/ja/

利用するのは簡単です。次のように実装するだけです。

```
import spacy

nlp = spacy.load('ja_ginza') # 学習済みモデルとしてginzaをロード
doc = nlp("トンネルを抜けるとそこは雪国でした") # テキストをspaCyのオブジェクトに変換
```

これだけでspaCyはテキストにさまざまな処理を行います。その中の1つが形態素解析です。

次のコードのように形態素を取得できます。内部では前述したsudachiPyが使われています。また、それぞれの単語に対する単語ベクトルも付与されています。

```
for token in doc:
    print(token, "\\t", token.vector[:3])
# トンネル    [-0.14804362 -0.01284575  0.18524638]
# を    [-0.19509408 -0.13202968 -0.01801249]
# 抜ける    [0. 0. 0.]
# と    [-0.07328872 -0.11246356 -0.06079749]
# そこ    [0. 0. 0.]
# は    [-0.05035316 -0.15731327 -0.08336552]
# 雪国    [ 0.14457944 -0.04334065  0.07879572]
# でし    [ 0.09235096 -0.15087031  0.04086336]
# た    [-0.03423065 -0.15928707  0.00305681]
```

また、文章全体のベクトルも取得できます。これは文章内の単語ベクトルの平均値です。今回のユースケースではこの文章全体のベクトルを用います。

```
doc.vector[:3]
# array([-0.0293422 , -0.08535002,  0.01619853], dtype=float32)
```

▶ 前処理

今回のユースケースでは「あるテキストがポジティブかネガティブか」判定したいので、さらにデータを加工します。

```python
# (1) `Avg. Readers_Joy` が0より上、あるいは `Avg. Readers_Sadness` が0より上なデータだけに限定
df = df[(df['Avg. Readers_Joy'] > 0) | (df['Avg. Readers_Sadness'] > 0)]
# (2) 'Avg. Readers_Joy' - `Avg. Readers_Sadness` を行い、1つの値にする
# 例) 喜びの平均3、悲しみの平均1のときには 3 - 1 = 2となる
df['JoySadness'] = df['Avg. Readers_Joy'] – df['Avg. Readers_Sadness']
# (3) その値が0より上であれば"ポジティブ"、0以下であれば"ネガティブ"になるようにする
df['PosiNega'] = np.where(df['JoySadness'] > 0, "ポジティブ", "ネガティブ")
# (4) `Sentence` と `PosiNega` だけを用いるのでカラムを限定して、不要なカラムを取り除く
df = df[['Sentence', 'PosiNega']]
# (5) 先頭の10000行に限定
df = df.head(10000)
```

1つずつ内容を説明します。

(1) Avg. Readers_Joy が0より上、あるいは Avg. Readers_Sadness が0より上なデータだけに限定

いま、使用しているデータには「喜び」「悲しみ」以外に「期待」「驚き」などの複数の感情のスコアが入っています。説明をわかりやすくするため、「喜び」か「悲しみ」に分類できるデータのみに限定します。

(2) 'Avg. Readers_Joy' - 'Avg. Readers_Sadness' を行い、1つの値にする

目的変数を1つにしたいので、「喜び」「悲しみ」の2つの指標を1つにします。

(3) その値が0より上であれば"ポジティブ"、0以下であれば"ネガティブ"になるようにする

分類問題として取り扱いたいので、目的変数の値を"ポジティブ"、"ネガティブ"にします。

(4) Sentence と PosiNega だけを用いるのでカラムを限定して、不要なカラムを取り除く

モデル学習に必要なカラムだけに絞ります。

(5) 先頭の10000行に限定

　今回は学習としての利用なので、実行時間を短縮するためにデータ数を絞ります。実際のプロジェクトではデータ数を限定する必要はありません。

　このように加工した最終的なデータは次のようになります。

```
df.head()
```

Sentence	PosiNega
ぼけっとしてたらこんな時間。チャリあるから食べにでたいのに…	ネガティブ
今日の月も白くて明るい。昨日より雲が少なくてキレイな？と立ち止まる帰り道。チャリなし生活も…	ポジティブ
眠い、眠れない。	ネガティブ
ただいま？ って新体操してるやん！外食する気満々で家に何もないのに！ テレビから離れられない…！	ポジティブ
表情筋が衰えてきてる。まずいな…	ネガティブ

　Sentence に投稿、PosiNegaにポジティブかネガティブかのラベルが入っています。

▶ 文章ベクトルに変換する

　それではこのSectionの肝である、自然言語から文章ベクトルへの変換を行います。次のコードで実行します。spaCyとginzaを使うことによって、たったこれだけで文章ベクトルへの変換を行うことができます。

```
import pandas as pd
import spacy

nlp = spacy.load('ja_ginza') # 学習済みモデルとしてginzaをロード

vectors = []
# (1) 1データごとに文章ベクトルに変換していく
```

```
for _, sentence in df['Sentence'].iteritems():
  doc = nlp(sentence)
  vectors.append(doc.vector)

# (2) 文章ベクトルを特徴量に、PosiNegaカラムを目的変数にする
X = vectors
y = df['PosiNega']
```

(1)でSentence カラムの文章データを1行ずつ読み込んでnlpでspaCyのDoc オブジェクトに変換しています。Doc オブジェクトはDoc.vector という文章ベクトルをもっているのでこれをそのまま使います。

(2)で文章ベクトルを特徴量に、PosiNegaカラムを目的変数に代入しています。今回は文章ベクトルのみを使っていますが、応用例として投稿日時や投稿者などの情報を追加の特徴量として使うことも考えられます。

アルゴリズムと評価指標の選定

前処理として自然言語処理特有のさまざまな処理を行いましたが、アルゴリズム評価指標に関しては分類問題と同じ考え方をすることができます。今回はアルゴリズムとしてRandom Forest Classifierを使い、評価指標として、scikit-learnがRandom Forest Classifierアルゴリズムのデフォルトの評価指標にしているAccuracyを使います。

モデル学習・評価

評価用にデータ分割

クロスバリデーションを行うために、評価用に訓練データと評価データに分割を行います。

```
X_train, X_test, y_train, y_test = train_test_split(X, y, test_size=0.4)
```

学習

　次は学習を行います。モデルはRandomForestClassifierを用います。これまでに説明した内容と同じものになるので、とくに追加で説明は行いません。

```
from sklearn.ensemble import RandomForestClassifier

estimator = RandomForestClassifier()
estimator.fit(X_train, y_train)
```

機械学習モデルの評価

　学習が完了したため、次にモデルの性能を評価します。この評価プロセスもこれまで説明してきたものと同様です。

python
```
clf.score(X_train, y_train)
# 0.9978333333333333

clf.score(X_test, y_test)
# 0.732
```

　この結果から、訓練誤差が0.99であり、一方で評価誤差は0.73となっています。これは、モデルが訓練データに対して少々オーバーフィッティング（過学習）している兆候を示しているかもしれません。それでも、最低限の予測は実行できているようです。汎化性能を向上させる一般的な手法については、本書のChapter 5で詳しく説明しています。

　具体的に、文章ベクトルを用いた手法については、次のようなアプローチが考えられます。

1. 現在使用しているGinzaモデル以外のモデルを試す
2. 自分自身で言語モデルの学習を行う

　さらに、よりよい結果を得るためには次の手法も検討できます。

3. **ハイパーパラメータの調整**：モデルの学習率や正則化パラメータなどのハイパーパラメータを調整することで、モデルの性能を改善できます。

4. **データ拡張**：データセットを拡張したり、人工的にノイズを追加したりすることで、モデルの汎化性能を向上させられます。

▶ 機械学習モデルを使った予測

それでは、学習したモデルを用いて任意のテキストデータからポジネガ判定してみましょう。

```python
input_data = "体調が悪い"
doc = nlp(input_data)
y_pred = model.predict([doc.vector])[0]
print(f"{y_pred}です。")

input_data = "この商品はおすすめです"
doc = nlp(input_data)
y_pred = model.predict([doc.vector])[0]
print(f"{y_pred}です。")
```

実行すると次のような結果が出力されます。

```
体調が悪い => ネガティブです。
この商品はおすすめです => ポジティブです。
```

SNSの投稿においてポジティブな反応なのかネガティブな反応なのか分類できました。

Section 02　まとめ

　このSectionでは、自然言語処理を使用したテキスト感情分析の基本的な手法を紹介しました。今回の方法は、その基本的な実装の1つであることを覚えておいてください。さらに機械学習モデルの精度を向上させたい場合は、次のようなことを検討してみてください。

- 形態素解析に使用する辞書の作成や改善、そしてストップワードの選定。
- さまざまなモデルアーキテクチャの試用：RNN、LSTM、GRU、Transformerなど、異なるニューラルネットワークの構造を試してみてください。それぞれが異なるタイプのデータやタスクに対して異なる性能を発揮する可能性があります。

　これらの手法を試すことで、自然言語処理タスクの精度をさらに向上させられます。

参考文献

- 『ゼロから作るDeep Learning ❷ ―自然言語処理編』斎藤 康毅（2018）オライリージャパン
- 『実践 自然言語処理』Sowmya Vajjala、Bodhisattwa Majumder、Anuj Gupta、Harshit Surana 著、中山光樹 訳（2022）オライリージャパン
- 『IT Text 自然言語処理の基礎』岡﨑直観、荒瀬由紀、鈴木潤、鶴岡慶雅、宮尾祐介（2022）オーム社
- 『BERTによる自然言語処理入門』近江崇宏、金田健太郎、森長誠、江間見亜利 著、ストックマーク株式会社 編（2021）オーム社
- 『深層学習による自然言語処理』坪井祐太、海野裕也、鈴木潤（2017）講談社
- 『入門 自然言語処理』Steven Bird、Ewan Klein、Edward Loper 著、萩原正人、中山敬広、水野 貴明 訳（2010）オライリージャパン

Section 03 画像データ： 画像を識別してみよう

Chapter 1

Chapter 2

Chapter 3

Chapter 4

Chapter 5

Chapter 6

イントロダクション

　あなたは、国内の生態系や生物多様性の保全に関する調査や研究を行う機関に所属している研究員です。この度、ある自然保護区に住む動物の生態系調査を担当することになりました。具体的には、その区域に住む動物について、種ごとの個体数を見積もり、過去の統計値との推移を見ることで種ごとの減少・増加傾向を認識する必要があります。

　その上で、バランスが著しく崩れていないかを確認し、崩れている場合にはしかるべき措置を取ることを求められています。

フェーズA　ビジネス課題分析

▷ 解決したい課題は何か？

　種ごとの個体数見積もりは、例年、複数の定点カメラで撮影した動物の画像を目視確認することによってどの種が写っているかを数えていました。しかし、この方法では、手間がかかったり、たくさんの画像を確認するために膨大な時間がかかったりするという問題があります。

▷ 予測したい値は何か？　どんなアクションに使えるか？

　課題を解決するため、「撮影された画像に写っている動物は何か？」を予測する機械学習モデルを構築します。もし、高精度に写っている動物をいい当てるモデルを構築できれば、個体数見積もりにかかるコストをうんと減らすことができます。動物の見た目は毎年変化するようなものではないので、一度学習したモデルは毎年使うことができ、毎年モデル構築に時間を費やす必要はありません。また、同じ種であればどこでも同じ見た目をしているため、特定の自然保護区についてだけでなく、あらゆる場所で同じモデルを流用できます。

Column ┃ **画像識別タスクの幅広い適用可能性**

　このSectionでは、手軽に扱える画像データセットの都合により「自然保護区の生態系調査」という比較的マイナーともいえるユースケースを例として画像認識タスクの紹介を行いますが、「画像に写っているものが何か」を識別するタスク自体は医療画像診断、小売業界での商品識別、農業における病害虫検出など、枚挙にいとまがありません。これらのうち多くは共通のタスク構造であるため、入力するデータセットを変えるだけでこのSectionで紹介している手法をそのまま適用できます。
　また、画像分類タスクは、画像処理系のタスクの中では最も基本的なタスクの1つです。ほかの画像処理タスクである物体検出やセマンティックセグメンテーションなど※を扱う上での基礎を学ぶこともできるため、深層学習モデルで画像を扱う第一歩としては最適なタスクといえます。

※これらの応用タスクについて興味のある方は［小川19］を参照してください。

> 特徴量として何が使えるか

このSectionでは、画像に写っている動物を推測するモデルを生成するために画像データを用います。Chapter 2、3で扱ってきた構造化データ（表形式で表現できるデータ）とは少し構造が異なります。画像データと一口にいってもさまざまな形式が存在しますが、ここでは、赤、緑、青（RGB）の3種類の色情報をもつピクセルデータを2次元形式で保持するデータ管理形式とします。

フェーズB　データ分析、機械学習

> Colabを利用するための準備

このSectionは、Google Colaboratory (Colab)※の利用を前提とします。Colabは、ブラウザからPythonを記述、実行できるサービスで、次の特徴を備えています。

※ https://colab.research.google.com/

● 環境構築が不要

ブラウザからノートブックの作成・読み込みをするだけでPython実行環境を利用できるため、環境構築のための事前準備が不要です。また、インターネット環境さえあれば、どこからでも同じノートブックにアクセスできるので、物理デバイスの制約を受けません。

● 簡単に共有できる

Colab上で作成したノートブックは、URLを共有したり、共有したいメンバーのGmailアカウントを指定したりするだけで実行結果も含めて簡単に共有できるので、複数人での共同作業での利用にも適しています。

● GPUへの無料アクセス

GPU (Graphics Processing Unit) は元々は主にリアルタイム3DCGの描画に必要な演算を並列で行うための演算装置ですが、近年GPUをより一般的な計算に活用するための技術である

GPGPU (General-purpose computing on graphics processing units) が発達し、PyTorch や TensorFlow などの主要な深層学習ライブラリにおいてもその恩恵を受けることができるようになっています。多くの画像認識タスクにおいても、高精度に画像を認識するためには一定複雑な構造をもったニューラルネットワークモデルを学習する必要があり、現実的な時間でそういったモデルを学習するには GPU が事実上必須であることもしばしばあります。現状の GPU の問題として、個人で購入するには高価格であることが挙げられます。そのような状況において、GPU を無料で利用できる Colab は深層学習に触れるにあたって大変ありがたい環境です。

▶ GitHub リポジトリ上のノートブックを Colab で読み込む

Colab 上でこの Section のノートブックを開くには、次の手順を実行してください。

1. Colab (https://colab.research.google.com/) にアクセス
2. メニューバーの［ファイル］－［ノートブックを開く］－［GitHub］を選択し、GitHub URL 入力欄に本書の GitHub Repository の URL (https://github.com/ml-pg-book/python-business-ml-starter) を入力
3. ノートブックの一覧が表示されたら、「chapter 4/4.3. 画像データ：画像を識別してみよう /notebook.ipynb」を選択

▶ GPU の利用設定

この Section では GPU の利用を前提とします。GPU を利用するには、Colab のメニューバーの［ランタイム］－［ランタイムのタイプを変更］を選択し、［ハードウェアアクセラレータ］として「T4 GPU」を選択してください。

▶ Google Drive のマウント

この Section での実行結果を、Colab を閉じた後も保存しておくため、Google Drive のマウントを行います。ノートブックの 1 セル目のコードを実行します。

- 「警告：このノートブックは Google が作成したものではありません。」というダイアログが出たら、「このまま実行」を選択します
- 「このノートブックに Google ドライブのファイルへのアクセスを許可しますか？」というダイアログが出たら、「Google ドライブに接続」を選択します

```
from google.colab import drive
drive.mount("/content/drive")
```

> 使用データ

本SectionではSTL-10データセット※を学習データとして使います。このデータセットは、飛行機、鳥、自動車、猫、鹿、犬、馬、猿、船、トラックのいずれかが写っているRGB色情報をもつ画像データです。これらの被写体のうち、シナリオにマッチする動物の画像データのみ（鳥、猫、鹿、犬、馬、猿の6種）を今回は使用します。

※ https://cs.stanford.edu/~acoates/stl10/

> データ観察

まずは、STL-10データセットにどのような画像が含まれているかを確認します。STL-10データセットはtorchvisionモジュールからダウンロードできます。

次のコードは、STL10データセットを読み込むためのデータローダを返すメソッドです。このデータローダは、画像を表示するためだけではなく、画像データを使ってモデルを学習したり、学習したモデルを使って画像のラベルを予測したりするためにも使います。torch.utils.dataのSubset()を使って、使用するデータを動物のラベルのみに絞ったデータセットを作り直しているのがポイントです。

Chapter 1
Chapter 2
Chapter 3
Chapter 4
Chapter 5
Chapter 6

```python
ALL_LABELS = [
    "airplane", "bird", "car", "cat", "deer",
    "dog", "horse", "monkey", "ship", "truck"
]
LABELS_TO_USE = ["bird", "cat", "deer", "dog", "horse", "monkey"]

def create_STL10_dataloader(
    split: str,
    dir_to_save: Path = DIR_DATA,
    transform: Tensor = transforms.ToTensor(),
) -> DataLoader:
    dataset = datasets.STL10(
        root=dir_to_save,
        split=split,
        download=True,
        transform=transform,
    )

    if set(LABELS_TO_USE) != set(dataset.classes):
        indices_to_use = {
            dataset.classes.index(cat) for cat in LABELS_TO_USE
        }
        indices = [
            i for i, label in enumerate(dataset.labels)
            if label in indices_to_use
        ]
        dataset = Subset(dataset, indices)
        dataset.classes = ALL_LABELS

    return DataLoader(
        dataset,
        batch_size=BATCH_SIZE,
        shuffle= True if split == "train" else False,
        num_workers=os.cpu_count(),
    )
```

次に、データローダを受け取り最初の1バッチの画像を表示するメソッドを用意します。

```python
def show_images_of_first_batch(dataloader: DataLoader):
    torch.manual_seed(0)
    X, y = next(iter(dataloader))
    nrow = 4
    plt.figure(figsize=(
        2 * nrow,
        2 * math.ceil(BATCH_SIZE / nrow)
    ))
    plt.imshow(
        make_grid(destandardize(X), nrow=nrow, padding=8, pad_value=1)
        .permute(1, 2, 0)
    )
```

画像表示用データローダを生成し、画像表示メソッドに渡します。

```python
dataloader_for_display = create_STL10_dataloader(
    split="train",
)

show_images_of_first_batch(dataloader_for_display)
```

出力結果は次のようになります。この結果から、このデータセットには鳥や鹿などの動物の画像が含まれることがわかります。これらの画像のラベルを推定することが本Sectionの目的となります。

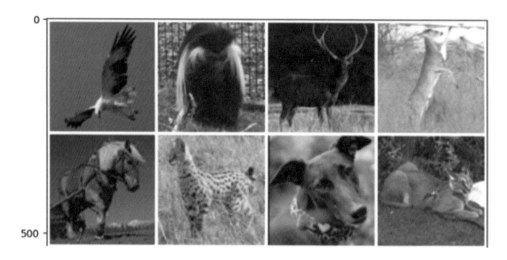

データローダが内部的に保持しているデータの形式も確認しておきます。

```
def show_raw_images_of_first_batch(dataloader: DataLoader):
    torch.manual_seed(0)
    images, labels = next(iter(dataloader))
    print("Shape of X [N, C, H, W]: ", images.shape)
    print(images[0])
    print("Shape of y: ", labels.shape, labels.dtype)
    print(labels)

show_raw_images_of_first_batch(dataloader_for_display)
```

　先ほどはデータセットを使って画像を表示していたのに対して、このコードでは、同じデータセットを使って、特徴量 X とラベル y のデータをそれぞれそのまま出力しています。

　特徴量 X は、N（バッチサイズ）、C（チャネル数）、H（高さ）、W（幅）の4次元で表現されます。次に示す出力結果から、3チャネル、96×96 ピクセルのイメージデータがミニバッチごとに64個含まれることがわかります。3つのチャネルは、ここではRGBの3系統を表しています。

```
Shape of X [N, C, H, W]:  torch.Size([64, 3, 96, 96])
```

また、例として 0 番目のイメージデータを出力しており、結果は次のとおりです。

```
Shape of X [N, C, H, W]:  torch.Size([64, 3, 256, 256])
tensor([[[-0.2513, -0.2513, -0.2513,  ..., -0.3369, -0.3369, -0.3369],
         [-0.2513, -0.2513, -0.2513,  ..., -0.3369, -0.3369, -0.3369],
         [-0.2513, -0.2513, -0.2513,  ..., -0.3369, -0.3369, -0.3369],
         ...,
         [-0.2856, -0.2856, -0.2856,  ..., -0.4226, -0.4226, -0.4226],
         [-0.2856, -0.2856, -0.2856,  ..., -0.4226, -0.4226, -0.4226],
         [-0.2856, -0.2856, -0.2856,  ..., -0.4226, -0.4226, -0.4226]],

        [[ 0.0476,  0.0476,  0.0476,  ..., -0.0924, -0.0924, -0.0924],
         [ 0.0476,  0.0476,  0.0476,  ..., -0.0924, -0.0924, -0.0924],
         [ 0.0476,  0.0476,  0.0476,  ..., -0.0924, -0.0924, -0.0924],
         ...,
         [-0.0399, -0.0399, -0.0399,  ..., -0.1800, -0.1800, -0.1800],
         [-0.0399, -0.0399, -0.0399,  ..., -0.1800, -0.1800, -0.1800],
         [-0.0399, -0.0399, -0.0399,  ..., -0.1800, -0.1800, -0.1800]],

        [[ 0.7402,  0.7402,  0.7402,  ...,  0.5834,  0.5834,  0.5834],
         [ 0.7402,  0.7402,  0.7402,  ...,  0.5834,  0.5834,  0.5834],
         [ 0.7402,  0.7402,  0.7402,  ...,  0.5834,  0.5834,  0.5834],
         ...,
         [ 0.6356,  0.6356,  0.6356,  ...,  0.5136,  0.5136,  0.5136],
         [ 0.6356,  0.6356,  0.6356,  ...,  0.5136,  0.5136,  0.5136],
         [ 0.6356,  0.6356,  0.6356,  ...,  0.5136,  0.5136,  0.5136]]])
Shape of y:  torch.Size([64]) torch.int64
tensor([1, 7, 4, 4, 6, 3, 5, 3, 6, 7, 3, 3, 6, 6, 5, 6, 4, 1, 1, 4, 5, 6, 3, 4,
        7, 7, 4, 4, 7, 5, 1, 3, 7, 1, 3, 4, 3, 6, 6, 7, 5, 4, 1, 4, 3, 7, 1, 6,
        4, 5, 3, 3, 5, 4, 6, 3, 4, 1, 5, 7, 6, 6, 7, 5])
```

X は多次元リストとして表現されているので、例えば X[0][1][2][3] で 0 番目のイメージの1番目のチャネル(G)の上から2番目、左から3番目の値を参照できます（全てのインデックスが0始まりであることに注意）。また、各要素の値は、平均0、標準偏差1で標準化された値となっています。

ラベル y は、0-9の整数で表されます。例として、最初のミニバッチに含まれるラベルを全出力しています。

```
tensor([1, 7, 4, 4, 6, 3, 5, 3, 6, 7, 3, 3, 6, 6, 5, 6, 4, 1, 1, 4, 5, 6, 3, 4,
        7, 7, 4, 4, 7, 5, 1, 3, 7, 1, 3, 4, 3, 6, 6, 7, 5, 4, 1, 4, 3, 7, 1, 6,
        4, 5, 3, 3, 5, 4, 6, 3, 4, 1, 5, 7, 6, 6, 7, 5])
```

これは、次に示す simple_dataloader_train.dataset.classes で出力されるラベルのインデックスに対応します。

```
dataloader_for_display.dataset.classes
```

結果は次のとおりです。例えば y[0] は 1 ですが、これは 0 番目のイメージのラベルが 'bird' であることを意味します。

```
['airplane', 'bird', 'car', 'cat', 'deer', 'dog', 'horse', 'monkey', 'ship', 'truck']
```

特徴量エンジニアリング

画像分類タスクにおいては、構造化データのように、事前に特徴量エンジニアリングによってデータを手動で変形・生成することはほとんどありません。主な理由は、画像から特徴量を自動的に学習し、高い識別能力を達成できる畳み込みニューラルネットワーク（CNN）を始めとする深層学習技術が進んでいるためです。ただし、類似の概念である**データ拡張**は画像認識タスクでは非常に重要です。データ拡張については後述する、**機械学習モデル1**で説明します。

アルゴリズムの選定・評価方法

深層学習の基礎

画像分類を行うためのアルゴリズムは、今日では実質、高い分類性能を誇る**深層学習（ディープラーニング）**1択となっています。深層学習とは、多層のニューラルネットワークを使用してデータから複雑な特徴量を自動的に学習する機械学習の手法です。

深層学習により得られるモデルは、複数の層で構成されます。入力層から特徴量を受け取り、複数の中間層を経て特徴量とモデルの重みの積和演算が順に実行され、出力層へと最終的な値が伝播するのが基本形となります。

次の図は中間層が1層のみの単純なニューラルネットワークの例です。入力層3ノード、中間層2ノード、出力層2ノードからなります。

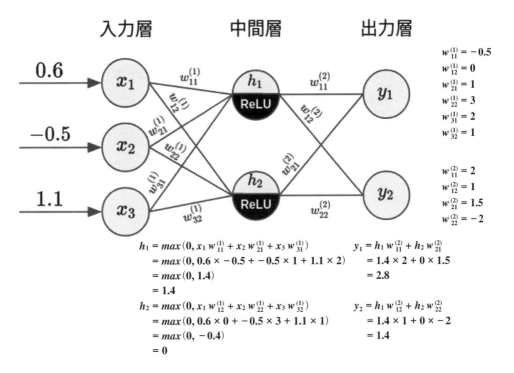

ここでは各ノードは1つの値を受け取るものとします。また、ノードとノードをつなぐ線は重みを表しており、この線を通る際に入力値と重みの積が実行されるとイメージしてください。

入力層の3ノードに [**0.6, −0.5, 1.1**] が入ってきたときの演算の流れを見てみましょう。

重み $W = w_{11}^{(1)}, w_{12}^{(1)}, w_{21}^{(1)}, w_{22}^{(1)}, w_{31}^{(1)}, w_{32}^{(1)}, w_{11}^{(2)}, w_{12}^{(2)}, w_{21}^{(2)}, w_{22}^{(2)}$

重みについても図のとおり値が格納されているものとします。

　入力層 x_1、x_2、x_3 は受け取った入力を次の層へ渡すだけなので、$x_1 = 0.6$、$x_2 = −0.5$、$x_3 = 1.1$ となります。

　次の中間層では、h_1 には $x_1 w_{11}^{(1)} + x_2 w_{21}^{(1)} + x_3 w_{31}^{(1)} = 0.6 × −0.5 + −0.5 × 1 + 1.1 × 2 = 1.4$ が入力値として渡されます。

　図の中間層の各ノードには **ReLU（レルー）** 関数が含まれています。ReLUは**活性化関数**の一種です。活性化関数は入力 x に対して非線形な変換を施す関数です。この非線形変換によって層を深くする恩恵が生まれるため、活性化関数はニューラルネットワークモデルの重要な要素です。

　ReLU は次の図のように、入力値が **0** 以上なら入力値をそのまま返し、**0** 未満なら **0** を返すような関数で、ランプ関数とも呼ばれます。現状最もよく使用される活性化関数です。

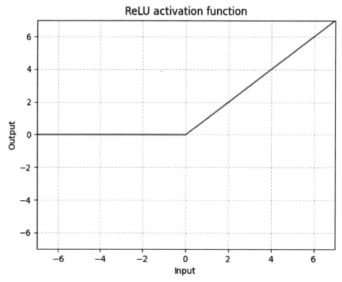

（https://pytorch.org/docs/stable/generated/torch.nn.ReLU.html より）

活性化関数には、ほかにもシグモイド関数や Tanh 関数などが使われます。PyTorch にはほかにも多数の活性化関数が用意されています。

- https://pytorch.org/docs/stable/nn.html#id1

なお、全ての中間層ノードに活性化関数を定義する必要があるわけではないことに注意してください。

h_1 の場合、入力値は **1.4** で **0** 以上なので、入力値そのものである **1.4** が出力されます。一方で、h_2 は入力値を計算すると **−0.4** と **0** 未満となるので、**0** が出力されます。

なお、この中間層のように、全てのノードが前層の全ノードとの重みをもち、入力と重みとの線形和が計算されるような層は**線形層（Linear Layer）**、または**全結合層（Fully Connected Layer）**と呼ばれます。全ての中間層が線形層によって構成されるネットワークは **全結合ニューラルネットワーク（Fully Connected Neural Network、FCNN）** と呼ばれます。

最後の出力層では、中間層からの入力を受け、先ほどと同様に入力と重みの積和演算を行います。演算の結果、y_1 は **2.8** 、y_2 は **1.4** となります。

⊘ 機械学習モデル1：シンプルなモデル（全結合ネットワーク）

深層学習の分野にはさまざまな技術や手法が存在します。本項では、画像分類の領域でよく使われる手法を順に実装します。まずは感触をつかむために、先述した最もシンプルなネットワークである全結合ニューラルネットワークの実装から始めます。

次のコードが全結合ネットワークのモデル構造と、学習方法を記述した実装です。

```python
class FullyConnectedNeuralNetwork(nn.Module):
    def __init__(self, num_classes=NUM_CLASSES):
        super().__init__()
        layer_width = 1024
        self.flatten = nn.Flatten()
```

```
        self.linear_relu_stack = nn.Sequential(
            nn.Linear(3 * IMAGE_SIZE * IMAGE_SIZE, layer_width),
            nn.BatchNorm1d(layer_width),
            nn.ReLU(),
            nn.Dropout(p=0.5),
            nn.Linear(layer_width, layer_width),
            nn.BatchNorm1d(layer_width),
            nn.ReLU(),
            nn.Dropout(p=0.5),
            nn.Linear(layer_width, num_classes),
        )

    def forward(self, x):
        x = self.flatten(x)
        logits = self.linear_relu_stack(x)
        return logits
```

　PyTorchでモデルクラスを定義するには、nn.Moduleを継承したクラスを定義し、forwardメソッドをオーバーライドする必要があります。forwardメソッドには入力データがネットワークでどう処理されるかを記述します。

　また、定義したモデルをprintすることで、次のようにモデル構造がテキスト出力されます。

```
FullyConnectedNeuralNetwork(
  (flatten): Flatten(start_dim=1, end_dim=-1)
  (linear_relu_stack): Sequential(
    (0): Linear(in_features=196608, out_features=1024, bias=True)
    (1): BatchNorm1d(1024, eps=1e-05, momentum=0.1, affine=True, track_
running_stats=True)
    (2): ReLU()
    (3): Dropout(p=0.5, inplace=False)
    (4): Linear(in_features=1024, out_features=1024, bias=True)
    (5): BatchNorm1d(1024, eps=1e-05, momentum=0.1, affine=True, track_
running_stats=True)
    (6): ReLU()
    (7): Dropout(p=0.5, inplace=False)
```

```
    (8): Linear(in_features=1024, out_features=10, bias=True)
  )
)
```

このモデルを図にしたものがこちらです。

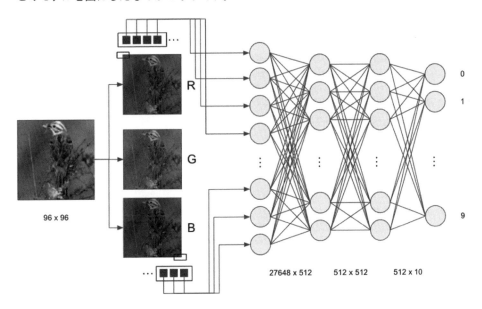

　モデルの処理の流れを説明しますので、コードと図を対応付けながら追ってみてください。まず、forwardメソッドの実装を見ると、self.flatten(x)の結果xをself.linear_relu_stack(x)に渡し、その結果を返しています。

　self.flatten(x)ではnn.Flatten()が実行されます。これは、最初の次元を除いた次元を平坦化します。データ観察の項で見たように、ミニバッチごとの特徴量Xは（N, C, W, H）の4次元構造となっていますが、この平坦化処理によって（N, C×W×H）の2次元構造となり、各画像が平坦化されます。つまり、画像ごとに 3×256×256＝196608 の要素をもつ1次元の構造となります。

　平坦化された画像は、self.linear_relu_stack(x)で実行される nn.Sequential() で定義されたネットワークに渡されます。ネットワークは線形（全結合）層→**バッチ正則化層**

→ReLU 層→**ドロップアウト層**の組み合わせを2回繰り返し、最後に再び全結合層につなげる構造になっており、ノードの数は 196608 → 1024 → 1024 → 10 と少しずつ減っていきます。

　バッチ正則化層では、ある層に対して、平均が0、標準偏差が1になるよう値をスケーリングします。これは「5-3　特徴量生成・学習」で説明する標準化と同様の処理です。学習が安定する効果があり、学習率を大きめに設定してもうまく学習されたり、初期値のバリエーションに対しても比較的頑健な結果が得られたりといった利点があります。

　ドロップアウト層は、過学習を防ぐための手法です。確率pで各ノードの出力値を0にします。これにより、特定のノードに依存するような学習を防ぎます。

　定義したモデルクラスを受け取り、学習と評価を行う NeuralNetworkModelWrapper クラスを定義します。このクラスは本 Section で扱うほかのモデルクラスに対しても使用する汎用的なクラスとします。

　大まかな構造は次のとおりです。

```python
# 連続何回エポック更新がされないときに学習を打ち切るか
early_stopped_not_updated_times = 5

class NeuralNetworkModelWrapper:
    def __init__(
        self, model_class: Type[nn.Module],
        model_file_name: str,
        extra_func: Optional[Callable] = None,
    ):
        self.model_class = model_class
        self.extra_func = extra_func
        self.model = self._initialize_model()

        self.model_file_name = model_file_name
        self.acc_train = []
        self.acc_test = []
```

```
            self.acc_test_best = None

    def _initialize_model(self):
        model = self.model_class()
        if self.extra_func is not None:
            model = self.extra_func(model)
        model = model.to(DEVICE)
        print(model)
        return model

    def _epoch_iteration(
        self, dataloader: DataLoader, loss_fn,
        phase: Literal["train", "test"], dataset_type: str,
        optimizer=None
    ):
        ...

    def learn(
        self, max_epochs: int,
        dataloader_train: DataLoader,
        dataloader_test: DataLoader,
        loss_fn = None, optimizer = None,
        seed: int = 0,
        save: bool = True,
    ):
        ...

    def save(self):
        ...

    def load(self):
        ...

    def predict(self, dataloader: DataLoader) -> pd.DataFrame:
        ...

    def load_and_predict(self, dataloader: DataLoader):
        self.load()
        self.predict(dataloader)
```

中身を省略しているメソッドについて順に説明します。

learnメソッドの実装は次のとおりです。最大でmax_epochsの回数だけ学習・テストを繰り返します。テストはエポックごとに学習データ、テストデータのそれぞれについて実施します。

最初のエポック（エポック 0）では学習をスキップし、テストのみ実行します。これは、初期状態での精度を確認するためです。

また、各エポックについて、テストデータに対する精度がこれまでの最高精度を上回る場合、最もよい重み（best_model_weights）を更新しておきます。そして全エポック終了後に最もよい重みをロードし、最終的な重みとします。これにより、常に最高精度を達成したときの重みが使えるようになります。なお、5エポック連続でベスト重みを更新できない場合は、max_epochsに達しなくても学習を打ち切ります。これは、**アーリーストッピング**と呼ばれる学習を途中で打ち切る手法の一種です。

```python
def learn(
    self, max_epochs: int,
    dataloader_train: DataLoader,
    dataloader_test: DataLoader,
    loss_fn = None, optimizer = None,
    seed: int = 0,
    save: bool = True,
):
    if loss_fn is None:
        loss_fn = nn.CrossEntropyLoss()
    if optimizer is None:
        optimizer = torch.optim.SGD(
            self.model.parameters(), lr=1e-3, momentum=0.9
        )
    torch.manual_seed(seed)
    acc_train = []
    acc_test = []
    self.acc_test_best = 0.0
    best_model_weights = copy.deepcopy(self.model.state_dict())
    num_not_updated = 0
```

```python
for t in range(max_epochs + 1):
    print(f"Epoch {t}\n-----------------------------")
    if t != 0:
        self._epoch_iteration(
            dataloader_train, loss_fn, phase="train",
            dataset_type="training", optimizer=optimizer
        )
    _acc_train = self._epoch_iteration(
        dataloader_train, loss_fn, phase="test",
        dataset_type="training"
    )
    acc_train.append(_acc_train)
    _acc_test = self._epoch_iteration(
        dataloader_test, loss_fn, phase="test",
        dataset_type="testing"
    )

    if _acc_test > self.acc_test_best:
        best_model_weights = copy.deepcopy(self.model.state_dict())
        print(
            "Best test accuracy has been updated "
            f"({100 * self.acc_test_best:>5.1f}% -> {100 * _acc_test:>5.1f}%)"
        )
        self.acc_test_best = _acc_test
        num_not_updated = 0
    else:
        print("Best test accuracy has not been updated "
              f"({100 * self.acc_test_best:>5.1f}%)"
        )
        num_not_updated += 1
        if num_not_updated == early_stopped_not_updated_times:
            print(
                "Stopped because the best test accuracy "
                "has not been updated for 5 epochs in a row."
            )
            break

    acc_test.append(_acc_test)
    print()
```

```
        self.model.load_state_dict(best_model_weights)
        self.acc_train = acc_train
        self.acc_test = acc_test
        print("Done!")

        if save:
            self.save()
```

learnメソッドには、**損失関数**と**オプティマイザ**を渡せるようになっています。

　損失関数は、モデルの推定値と正解データとの差を評価するための関数で、損失（損失関数による計算値）が小さくなるほど入力データに適合した重みを学習しているといえます。オプティマイザは、勾配を使ってどのように重みを更新するかを定義した関数です。

　このSectionでは、それぞれの細かいチューニングは行わず、一貫して同じものを扱います。損失関数は、多クラス分類問題においてよく使われる交差エントロピー誤差関数を用います。オプティマイザには モーメンタムSGDを用います。モーメンタムSGDは、通常のSGD（確率的勾配降下法）に対して、1時点以上前の勾配も考慮することで重みを緩やかになめらかに変化させて局所最適解に落ちるリスクを低減させ、学習を安定させます。loss_fnや optimizerをlearnメソッドに渡さない場合にこれらが使われるようになっています。

```
        if loss_fn is None:
            loss_fn = nn.CrossEntropyLoss()
        if optimizer is None:
            optimizer = torch.optim.SGD(
                self.model.parameters(), lr=1e-3, momentum=0.9
            )
```

　また、学習の最後にsaveメソッドで結果を保存しています。saveメソッドの実装は次のとおりです。学習したモデルのstate_dict（重み情報が入っています）と、評価結果（エポックごとの学習データ、テストデータそれぞれのAccuracy、および、ベスト重みと対応するテストデータのベストAccuracy）を保存していることがわかります。保存したモデルは loadメソッドで読み込みます。

```
def save(self):
    torch.save(
        {
            "model_state_dict": self.model.state_dict(),
            "eval_results": {
                "acc_train": self.acc_train,
                "acc_test": self.acc_test,
                "acc_test_best": self.acc_test_best,
            }
        },
        DIR_MODELS / self.model_file_name
    )
    print("Saved")
```

loadメソッドは次のとおりです。saveで保存した形式と同じ形式でアーティファクトを読み込み、結果表示などに使えるようにします。

```
def load(self):
    path = DIR_MODELS / self.model_file_name
    if os.path.exists(path):
        artifacts = torch.load(
            DIR_MODELS / self.model_file_name,
            map_location=DEVICE,
        )
        self.model.load_state_dict(
            artifacts["model_state_dict"]
        )
        self.acc_train = artifacts["eval_results"]["acc_train"]
        self.acc_test = artifacts["eval_results"]["acc_test"]
        self.acc_test_best = artifacts["eval_results"]["acc_test_best"]
        print("Loaded")
        return True
    else:
        print(f"{path} does not exist")
        return False
```

次は、learnメソッドの中から呼ぶ_epoch_iterationです。これは、データセット、モデル、損失関数、およびオプティマイザを受け取って学習・テストするメソッドです。

```python
def _epoch_iteration(
    self, dataloader: DataLoader, loss_fn,
    phase: Literal["train", "test"], dataset_type: str,
    optimizer=None
):
    if phase == "train":
        self.model.train()
    elif phase == "test":
        self.model.eval()
    else:
        raise RuntimeError('phase should be either of "train" or "test"')

    loss_sum, correct_sum, num_images = 0, 0, 0
    with torch.set_grad_enabled(phase=="train"), \
            tqdm(total=len(dataloader), unit="batch") as pbar:
        desc = f"{phase} with {dataset_type} dataset"
        pbar.set_description(f"{desc:27s}")
        for batch_i, (X, y) in enumerate(dataloader):
            X, y = X.to(DEVICE), y.to(DEVICE)

            # 損失を計算
            pred = self.model(X)
            loss = loss_fn(pred, y)

            # 誤差逆伝播
            if phase == "train":
                optimizer.zero_grad()
                loss.backward()
                optimizer.step()

            # 損失・正解数を加算
            loss_sum += loss.item()
            correct_sum += (pred.argmax(1) == y).type(torch.float).sum().item()

            num_images += len(X)
```

```python
                pbar.set_postfix({
                    "loss": f"{loss_sum / (batch_i + 1):>6.3f}",
                    "accuracy": f"{100 * correct_sum / num_images:>5.1f}%"
                })
                pbar.update(1)

        accuracy = correct_sum / num_images
        return accuracy
```

　このメソッドでは、phaseパラメータの値に応じてモデルの学習、またはテストを実施します。1エポックの中で、学習用、学習データでのテスト、テストデータでのテストの合計3回呼ばれます。

　phase="train" が渡された場合、学習を実施します。ミニバッチごとに「損失の計算」および「誤差逆伝播によるパラメータ更新」を全ての学習データについて回し終えるまで繰り返します。また、ミニバッチごとにその時点での精度（Accuracy）と損失のバッチ平均を求めています。

　「損失の計算」では、model(X)で、そのミニバッチにおける特徴量 X を model に与え、予測スコアを計算します。計算したスコア pred について、損失関数 loss_fn(pred, y)で真のラベル y と比較し、損失を計算します。

　「誤差逆伝播によるパラメータ更新」では、optimizer.zero_grad()によってオプティマイザの勾配を0に初期化した後、loss.backward()によって先ほど計算した loss に基づいて勾配を計算します。そして optimizer.step()によって、計算した勾配に基づいてオプティマイザによるパラメータ更新を実施します。

　phase="test" が渡された場合、テストを実施します。テストでは、「誤差逆伝播によるパラメータ更新」を実施しません。ラベル推定と損失、および正解数を計算し、精度（Accuracy）と損失の平均を出力します。ただし、テストでは時間短縮のために全バッチは使わず一部のみ使用します。

学習データを与えた場合には訓練誤差を、テストデータを与えた場合はテスト誤差（≒汎化誤差）を知ることができます。訓練誤差とテスト誤差を比較することは、過学習の程度を知る1つの指標となります。

predict メソッドについては「モデルを使った予測・評価」で説明します。

▶ モデルの学習

では、FCNNのモデル定義を使って学習を実行します。まず、モデル学習用のデータローダを2つ生成します。

```python
train_transforms = transforms.Compose([
    transforms.RandomResizedCrop(IMAGE_SIZE, scale=(0.5, 1)),
    transforms.RandomHorizontalFlip(p=0.5),
    transforms.ColorJitter(brightness=0.3, contrast=0.3, saturation=0.3, hue=0.3),
    transforms.RandomRotation(degrees=15),
    transforms.ToTensor(),
    transforms.Normalize(IMAGENET_MEAN, IMAGENET_STD)
])

eval_transforms = transforms.Compose([
    transforms.Resize((IMAGE_SIZE, IMAGE_SIZE)),
    transforms.ToTensor(),
    transforms.Normalize(IMAGENET_MEAN, IMAGENET_STD)
])

# STL10用データローダの生成
dataloader_train = create_STL10_dataloader(
    split="train",
    transform=train_transforms,
)
dataloader_test = create_STL10_dataloader(
    split="test",
    transform=eval_transforms,
)
```

画像表示用のデータローダを生成した際に使用した create_STL10_dataloader メソッドを
ここでも使用します。特徴としては transform を明示的に与えている点が挙げられます。

　学習用データローダ dataloader_train に与える train_transforms は、データ拡張のための変
換をいくつか施しています。データ拡張とは、入力画像にランダムな変換（回転、ズーム、シ
フトなど）を施すことを指し、主に過学習を防ぐことを目的とします。この Section では、紙
面の都合により一貫して次の変換を順番に行います。ただし、本来は最初から決まるものとい
うよりは、試行錯誤の中で最適なデータ拡張の種類やパラメータを決めていくものです。

- **RandomRotation**
    - ランダムに回転させます。本 Section では、-15 〜 +15 度回転させます。
- **RandomResizedCrop**
    - 指定のスケールでクロップ処理（部分画像の切り出し）を施します。本 Section では、
    元の 90% 〜 100% の幅・高さでクロップした後、元の画像サイズである 256 × 256
    にリサイズするような変換を施します。
- **RandomHorizontalFlip**
    - 指定の確率でランダムに水平フリップ処理（水平反転）を施します。例えば、左を向
    いている犬の画像は、右を向いている犬の画像になります。本 Section では、50% の
    確率で水平フリップ処理を施します。
- **ToTensor**
    - PyTorch のモデルや関数が想定する形式に変換します。
- **Normalize**
    - 画像のピクセル値をチャネルごとに平均 0、標準偏差 1 にスケーリングします。これは、
    収束速度の向上など、効果的な学習を行うためです。

テスト用データローダ dataloader_test に与える eval_transforms は、テスト用なのでデータ
拡張は含めず、ToTensor と Normalize のみ実施します。

　次のコードで学習を実行します。

```
fcnn = NeuralNetworkModelWrapper(FullyConnectedNeuralNetwork, "fcnn.
pth")
fcnn.learn(
    max_epochs=MAX_EPOCHS,
    dataloader_train=dataloader_train,
    dataloader_test=dataloader_test,
)
```

標準出力される結果は次のとおりです。この結果から、最終的にはテストデータで Accuracy 42.5% のモデルになっていることがわかります（結果は常に同じになるわけではありません）。

```
Epoch 0
-------------------------------
test with training dataset : 100%|███████████| 20/20 [00:04<00:00,
4.98batch/s, loss=2.322, accuracy=8.8%]
test with testing dataset  : 100%|███████████| 20/20 [00:05<00:00,
3.57batch/s, loss=2.322, accuracy=6.2%]
Best test accuracy has been updated (  0.0% ->   6.2%)


...


Epoch 28
-------------------------------
train with training dataset: 100%|███████████| 47/47 [00:10<00:00,
4.52batch/s, loss=1.450, accuracy=42.5%]
test with training dataset : 100%|███████████| 20/20 [00:05<00:00,
3.41batch/s, loss=1.340, accuracy=47.3%]
test with testing dataset  : 100%|███████████| 20/20 [00:03<00:00,
5.72batch/s, loss=1.492, accuracy=40.8%]
Best test accuracy has not been updated ( 42.5%)
Stopped because the best test accuracy has not been updated for 5 epochs in a row.
Done!
Saved
```

学習結果である2つのリスト acc_train と acc_test を使って、エポックごとの Accuracyの推移を可視化するためのメソッドを用意します。

```
def plot_accuracy(accuracy: dict[str, list[float]], title: Optional[str] = None):
    sns.lineplot(accuracy)
    plt.xlabel(f"epochs")
    plt.ylabel(f"accuracy")
    if title is not None:
        plt.title(title)
```

`plot_accuracy()` メソッドを実行します。

```
plot_accuracy({
    "Training": fcnn.acc_train,
    "Test": fcnn.acc_test,
}, title="FCNN Accuracies")
```

結果は次のとおりです。横軸はエポック数、縦軸は精度（Accuracy）です。6種類の動物を識別するタスクで、各動物の画像がほぼ同じ数だけ含まれているので、ランダムに推測した場合には16.7%程度のAccuracyとなります。それに対して、テストデータで40%程度のAccuracyなので、学習がうまくいっていそうです。

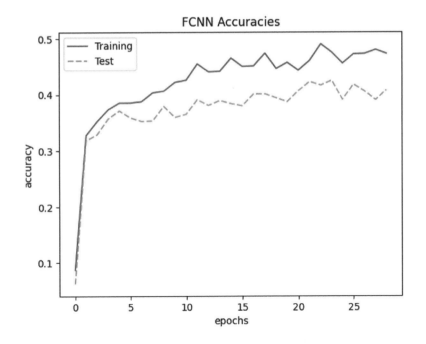

モデルを使った予測・評価

前項でモデルを構築できたので、次はモデルを使って未知の画像のラベルを推定します。Learnerクラスのpredictメソッドを見てみます。

```python
def predict(
    self,
    dataloader: DataLoader,
    num_batches = None,
    seed: int = 0
) -> pd.DataFrame:
    torch.manual_seed(seed)
    self.model.eval()
    correct1 = 0
    correct3 = 0
    for i, (X, y) in enumerate(dataloader):
        if i == num_batches:
            break

        X, y = X.to(DEVICE), y.to(DEVICE)
        with torch.no_grad():
            scores = F.softmax(self.model(X), dim=1)
            predicted_labels = torch.argsort(scores, dim=1, descending=True)

        for j in range(len(y)):
            actual_label = dataloader.dataset.classes[y[j]]

            plt.figure(figsize=(3.2, 2.4))
            plt.imshow(destandardize(X[j]).cpu().permute(1, 2, 0))
            plt.title(actual_label)
            plt.show()

            add_correct3 = False
            for k in range(3):
                label_index = predicted_labels[j, k]
                label = LABELS_TO_USE[LABELS_MAP[int(label_index)]]
                add_correct3 |= actual_label == label
                correct1 += 1 if k == 0 and actual_label == label else 0
                print(
```

```
                    f"{label:<10s}: "
                    f"{100 * scores[j, label_index]:5.1f}%"
                )
            correct3 += add_correct3
            print()

    has_actual_labels = len(
        set(dataloader.dataset.classes) &
        set(LABELS_TO_USE)
    ) > 0

    if has_actual_labels:
        print(f"Acc@1 = {correct1/len(y):.1%} ({correct1}/{len(y)})")
        print(f"Acc@3 = {correct3/len(y):.1%} ({correct3}/{len(y)})")
```

　predictメソッドでは、dataloaderがもつデータセットに含まれる各画像について、学習したmodelで予測し、スコアの高い上位3ラベルについて、スコアの合計値が100%になるよう正規化したスコアを出力します。また、データセットが正解ラベルをもつ場合には、データセット全体におけるAcc@1（スコア1位のラベルが実際のラベルと一致している割合）と、Acc@3（スコア上位3ラベルのいずれかが実際のラベルと一致している割合）を最後に出力します。

　次のコードでpredictを実行します。

```
fcnn.predict(dataloader_test, num_batches=1)
```

結果は次のとおりです。

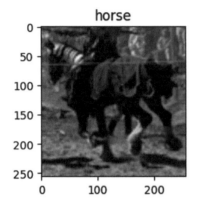

```
horse    :  81.0%
dog      :  12.8%
cat      :   2.7%

...

Acc@1 = 45.3% (29/64)
Acc@3 = 82.8% (53/64)
```

　結果は常に同じにはなりませんが、Acc@1がテストデータでのAccuracyに近いものになっていれば妥当な結果といえます。

　では、次に未知データに対する予測精度を確認してみます。

未知データは例えば次の画像を含みます。

　これらの動物の写真は、筆者が用意したものなので、学習データには含まれておらず、モデルにとっては全く未知のデータです。

　これらの未知データを推定するためのコードは次のとおりです。予測対象となるデータセットが先ほどと異なるため、別のデータローダを定義します。あとは先ほどと同様に、NeuralNetworkModelWrapperインスタンスからpredictメソッドを呼び出します。

```
dataloader_unknown = create_image_folder_dataloader(
    dir_to_load=DIR_UNKNOWN,
    transform=eval_transforms,
)
fcnn_learner.predict(dataloader_unknown)
```

結果は次のようになります。

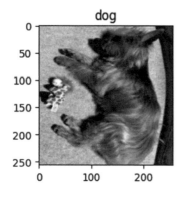

```
dog      :   32.1%
bird     :   27.7%
cat      :   12.6%
```

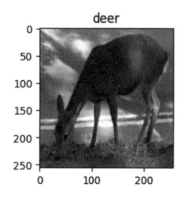

```
horse    :   51.7%
dog      :   16.9%
monkey   :   12.7%
```

　出力された画像は実際にモデルが使用した画像です。元の画像と比べ、リサイズによって粗い画像になっていることや、縦横比が変化していることがわかります。

　また、画像の下に出力されるのは推定結果です。FCNNモデルでは、犬のみAcc@1で正解しており、鹿はAcc@3でも正解していません。まだまだ改善の余地があるように見えます。

機械学習モデル2：
CNN（畳み込みニューラルネットワーク）モデルの実装・学習

　前項で実装したFCNNにおいても、テストデータで40%程度のAccuracyを達成し、全くでたらめにラベル推定した場合（17%程度のAccuracy）よりも高い精度で推定するモデルを構築できました。一方で、FCNNでは全てのピクセルデータをバラバラに扱っており、隣接したピクセルの類似性など、ピクセル間の位置関係に関する情報を全く扱えていません。

　これは、スライドパズルをシャッフルするように画像データのピクセルをバラバラに並び替えたとしても同等の精度を達成できるということを意味し、逆にいえば、その程度の学習しかできていない、ということになります。また、RGBの色情報についても、FCNNでは1ピクセルがもつRGBを3つの独立した情報として扱うことになり、位置関係と同じ問題を抱えています。

　そういった空間情報も考慮するモデルが、本項で紹介する **CNN（Convolutional Neural Network、畳み込みニューラルネットワーク）** です。実装例を次に示します。

```python
class ConvolutionalNeuralNetwork(nn.Module):
    def __init__(self, num_classes=NUM_CLASSES):
        super().__init__()
        self.features = nn.Sequential(
            nn.Conv2d(3, 64, kernel_size=11, stride=4, padding=2),
            nn.BatchNorm2d(64),
            nn.ReLU(inplace=True),
            nn.MaxPool2d(kernel_size=3, stride=2),
            nn.Conv2d(64, 192, kernel_size=5, padding=2),
            nn.BatchNorm2d(192),
            nn.ReLU(inplace=True),
            nn.MaxPool2d(kernel_size=3, stride=2),
            nn.Conv2d(192, 384, kernel_size=3, padding=1),
            nn.BatchNorm2d(384),
            nn.ReLU(inplace=True),
            nn.Conv2d(384, 256, kernel_size=3, padding=1),
            nn.BatchNorm2d(256),
```

```python
            nn.ReLU(inplace=True),
            nn.Conv2d(256, 256, kernel_size=3, padding=1),
            nn.BatchNorm2d(256),
            nn.ReLU(inplace=True),
            nn.MaxPool2d(kernel_size=3, stride=2),
        )

        fc_size = 4096
        self.classifier = nn.Sequential(
            nn.Dropout(p=0.5),
            nn.Linear(
                256 * 7 * 7, fc_size
            ),
            nn.ReLU(inplace=True),
            nn.Dropout(p=0.5),
            nn.Linear(fc_size, fc_size),
            nn.ReLU(inplace=True),
            nn.Linear(fc_size, num_classes),
        )

    def forward(self, x):
        x = self.features(x)
        x = torch.flatten(x, 1)
        x = self.classifier(x)
        return x
```

CNNとは、**畳み込み層**と**プーリング層**を含むニューラルネットワークを指します。

　畳み込み層は、CNNのコアとなる層で、**カーネル**、**ストライド**、**パディング**の3つの概念から構成されます。カーネルは小さなウィンドウで、ウィンドウ内の情報を積和演算によって1つの値に圧縮変換しながら入力データ全体を移動させていきます。ストライドは、入力データに沿って移動させるステップの大きさです。パディングは入力データの周囲に追加される層で、値は 0 であることが多いです。これは、出力サイズを維持したり、入力データの端の情報を失ったりしないようにするために使用されます。

次の図は、入力サイズ＝4（ここでは幅と高さは同じとします）、カーネルサイズ＝2、ストライド＝3、パディング＝1の場合の例です。出力サイズはカーネルがストライドとパディングを横または縦に移動できる回数＋1となるので、このケースだと2です。

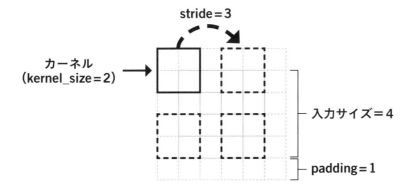

　プーリング層は、次元を縮小するための操作を行う層で、計算量の削減や、過学習のリスクを低減する効果があります。代表的なものは**最大値プーリング（Max Pooling）**で、指定したカーネルサイズのウィンドウごとの最大値のみを残し、ストライドの値をもとに次のウィンドウに移動し…を繰り返すことによって、新たな出力データを得ます。

　次はこのモデルを図にしたものです。

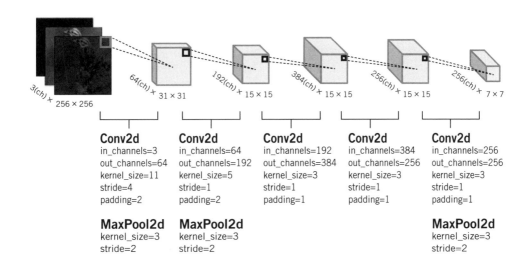

Conv2d
in_channels=3
out_channels=64
kernel_size=11
stride=4
padding=2

MaxPool2d
kernel_size=3
stride=2

Conv2d
in_channels=64
out_channels=192
kernel_size=5
stride=1
padding=2

MaxPool2d
kernel_size=3
stride=2

Conv2d
in_channels=192
out_channels=384
kernel_size=3
stride=1
padding=1

Conv2d
in_channels=384
out_channels=256
kernel_size=3
stride=1
padding=1

Conv2d
in_channels=256
out_channels=256
kernel_size=3
stride=1
padding=1

MaxPool2d
kernel_size=3
stride=2

FCNNのときと同様に、モデルの処理の流れを説明しますので、コードと図を対応付けながら追ってみてください。

まず、forwardメソッドの実装を見ると、入力データは最初にnn.Sequential()で定義されたself.featuresレイヤーを通ります。このレイヤーは、畳み込み層、バッチ正則化層、ReLU層、最大値プーリング層で構成されています。その後、torch.flatten(x, 1)によって、(64, 256, 7, 7)の4次元構造を(64, 12544)の2次元構造に変換しています。これは、次の全結合層に渡すためです。その次の self.classifier レイヤーは、全結合層、ReLU層、ドロップアウト層で構成されています。最終的にはクラス数である10種類の値に変換され、各ラベルのスコアが表現されます。

▶ モデルの学習

次のコードで、CNNモデルを学習します。 NeuralNetworkModelWrapperクラス、およびそのメソッドは、FCNNのときに使用したものと同じです。

```
cnn = NeuralNetworkModelWrapper(ConvolutionalNeuralNetwork, "cnn.pth")
cnn.learn(
    max_epochs=MAX_EPOCHS,
    dataloader_train=dataloader_train,
    dataloader_test=dataloader_test,
)
```

実行完了後、CNNモデルとFCNNモデルのテストデータでのAccuracyを比較します。

```
plot_accuracy({
    "FCNN": fcnn.acc_test,
    "CNN": cnn.acc_test
}, title="Accuracies for Testing Data")
```

結果は次のとおりです。

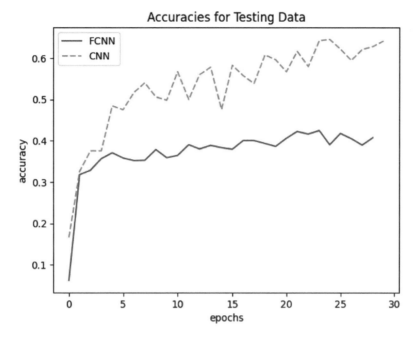

CNNがFCNNの精度を大きく上回っていることがわかります。

機械学習モデル3：定義済みモデルの学習

　モデル1、およびモデル2では、nn.Moduleクラスを継承した独自のモデルクラスを実装しました。一方で、torchvisionライブラリには、定義済みのネットワークモデルが多数用意されています。

　次のコードでは、AlexNetと呼ばれるCNNモデルの一種を読み込んでいます。

　そのままだと最後のレイヤーの出力特徴量の数が1000になっており、STL-10のラベル推定タスクに適合しないため、STL-10のクラス数である10にするためのメソッドchange_classifierを定義しておき、NeuralNetworkModelWrapperに渡しています。

```
def change_classifier(model):
    in_features = model.classifier[-1].in_features
    model.classifier[-1] = torch.nn.Linear(
        in_features=in_features,
        out_features=len(ALL_LABELS)
    ).to(DEVICE)
    return model


alexnet = NeuralNetworkModelWrapper(
    model_class=models.alexnet,
    model_file_name="alexnet.pth",
    extra_func=change_classifier,
)
```

▶ モデルの学習

これまでと同様、learn()メソッドでモデルを学習できます。

```
alexnet.learn(
    max_epochs=MAX_EPOCHS,
    dataloader_train=dataloader_train,
    dataloader_test=dataloader_test,
)
```

　実は機械学習モデル2は、ほとんどAlexNetの定義※を流用したものです。ただし、AlexNetはImageNetなどの大規模なデータセットを想定した定義になっているため、比較的小規模なデータセットであるSTL-10を入力とした場合は、そのままlearn()を実行してもよい精度は期待できません。そのため、機械学習モデル2ではSTL-10でも一定の精度が出るよう、畳み込みの後に毎回バッチ正則化を実行するといった工夫を追加しています。

※torchvisionのAlexNetの実装はhttps://github.com/pytorch/vision/blob/main/torchvision/models/alexnet.pyから参照できます。

＞ 機械学習モデル4：転移学習（事前学習済みモデルの利用）

＞ モデルの学習

　機械学習モデル3ではtorchvisionライブラリで定義済みのモデルを利用しましたが、その際に利用したのはモデルの構造のみで、パラメータについてはランダムに初期化された値から学習していました。一方で、torchvision.modelsで用意されている全てのモデル[1]について、**事前学習**されたパラメータを利用することも可能です。そのうち、画像分類用に学習されたモデルは、ImageNet[2]の画像を1000クラスに分類するタスクによってパラメータが学習されているので、仮に全く同じ1000種類の画像分類タスクをしたい場合はそれらの学習済みモデルをそのまま利用できます。

※1：https://pytorch.org/vision/stable/models.html
※2：https://www.image-net.org/

　しかし、実際にはそういったケースは稀で、事前に学習されたタスクと似てはいるが異なるタスクに適用したい、ということの方が多いでしょう。そのようなケースにおいても、事前学習されたパラメータを利用しつつ、適用したいタスク向けにパラメータの調整を行う**転移学習**を行うことで、学習済みモデルを有効活用できます。今回は、ImageNetで事前学習された重みを使って、このSectionのユースケースに使えるモデルを転移学習することを試みます。

　次のコードでは、ImageNetで学習済みのモデルをラベル推定に利用します。

```
def change_model(model):
    model = torch.hub.load(
        "pytorch/vision", "alexnet", weights="IMAGENET1K_V1"
    ).to(DEVICE)
    for name, param in model.named_parameters():
        param.requires_grad = False
    model = change_classifier(model).to(DEVICE)
    return model

alexnet_pretrained = NeuralNetworkModelWrapper(
    model_class=models.alexnet,
    model_file_name="alexnet_pretrained.pth",
    extra_func=change_model,
)
```

モデル3と同様に models.alexnetを使用しますが、torch.hub.load("pytorch/vision", "alexnet", weights="IMAGENET1K_V1") で読み込んでいる点が異なります。これによって、学習済みのパラメータが読み込まれます。

また、定義済みのパラメータについて params.requires_grad = False とすることで勾配計算の対象外としています。つまり、その後のchange_model()で差し替えている最後の全結合層の重みだけを新たに学習し、ほかは既存のものを使うことになります。これによって、不要な計算コストが発生しないようにしています。

あとは、これまでと同様にlearn()でモデルを学習します。データローダには先ほど定義したものを指定します。

```
alexnet_pretrained.learn(
    max_epochs=MAX_EPOCHS,
    dataloader_train=dataloader_train,
    dataloader_test=dataloader_test,
)
```

テストデータでのAccuracyをほかのモデルと比較します。

```
plot_accuracy({
    "AlexNet(pretrained)": alexnet_pretrained.acc_test,
    "AlexNet": alexnet.acc_test,
    "CNN": cnn.acc_test,
    "FCNN": fcnn.acc_test
}, title="Accuracy for Testing Data")
```

結果は次のとおりです。

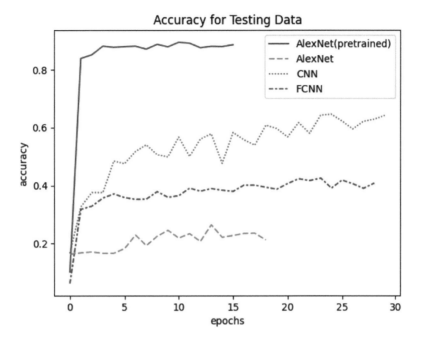

転移学習を行った AlexNet(pretrained) は、同じモデル定義のAlexNetを含めほかのどのモデルよりもはるかに高いAccuracyを達成しています。また、事前学習済みパラメータを使っているため、Accuracyの立ち上がりがほかの事前学習なしの学習よりも早いのが特徴です。

● モデルを使った予測・評価

では、機械学習モデル4で未知画像のラベル推定を実施します。これまでと同様に、predict()を実行します。

```
alexnet_pretrained.predict(dataloader_unknown, num_batches=1)
```

結果は次のとおりです。

deer	:	89.4%
monkey	:	6.9%
horse	:	2.9%

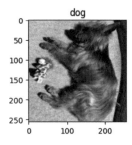

dog	:	66.4%
cat	:	24.4%
monkey	:	4.4%

鹿、犬ともに Acc@1 で正解できていることがわかります。

Section 03　まとめ

　このSectionでは、深層学習を使った画像分類を行うため、4種類のモデル学習方法を紹介しました。解きたい画像分類タスクがあったとき、まずは事前学習済みのモデルをそのまま流用できないかを探すことをおすすめします。タスクに適用できそうな事前学習済みのモデルが見つからない場合は、モデル定義を流用するだけでも十分なメリットがあります。とくに深層学習モデルの構築経験が浅い場合は、よいプラクティスを学べる、というメリットがあります。

参考文献
- [小川19]：『つくりながら学ぶ！ PyTorchによる発展ディープラーニング』小川雄太郎 (2019) マイナビ出版

Chapter

5

一つひとつの
プロセスを
深掘りしてみよう

Section
01　Chapter 5 について

イントロダクション

　ここまでのChapterで、さまざまなビジネスの場面に対して、どのように機械学習を適用させるかを説明してきました。これまでは皆さんに機械学習プロジェクトの開始から実装までの全体像を知っていただくために、一つひとつのプロセスの説明はできる限り省略してきました。

　しかし、ビジネス問題の解決に機械学習を効果的に活用するには、その細部まで理解しておくことが重要です。一つひとつのプロセスを深く理解することで、予期しない問題に適切に対応したり、モデルの性能を最大限に引き出すための最適な方法を選択したりすることが可能になります。

　そこで、このChapterでは、各プロセスを深掘りして説明します。理論だけでなく、具体的な手法やベストプラクティスも紹介することで、より具体的な知識と技術を身につけていただくことを目指します。

Chapter 5では、次の4つのSectionに分けて解説します。これらのSectionは、機械学習プロジェクトのさまざまなフェーズを網羅し、それぞれについて深掘りした知識と理解を提供します。

＞ 1. データ観察

　データ観察はEDA（Exploratory Data Analysis）とも呼ばれ、データを分析することで、データをより深く理解することを目的とするプロセスです。EDAを行うことで、データの特徴や構造を把握でき、その上で適切な機械学習モデルを選択できます。また、EDAを行うことで、データの前処理を行う際に必要な情報を収集できます。EDAは、機械学習プロジェクトにおいて欠かせないステップであり、機械学習モデルの性能を向上させる上で欠かせないものといえます。

＞ 2. 特徴量生成

　特徴量生成は、機械学習モデルの性能に大きな影響を及ぼします。とくに次のような側面でその重要性が際立ちます。

1. **モデルの精度向上**：適切な特徴量を生成することは、モデルの予測精度を向上させる上で不可欠です。
2. **データ利用の可能性**：とくにテキストデータのように、特徴量生成を行わなければ機械学習モデルの学習に用いることができないデータ形式も存在します。
3. **学習スピードの改善**：適切な特徴量生成は、モデルの学習スピードを向上させることにも寄与します。
4. **モデルの単純化**：よい特徴量を用いることで、モデルの構造をよりシンプルにすることができ、結果として解釈性や管理性を向上させることができます。

　これらの点から、特徴量生成は機械学習モデルの開発プロセスにおける重要なステップであり、適切な特徴量を生成することでモデル全体の性能を最大化することが可能となります。

Chapter 1
Chapter 2
Chapter 3
Chapter 4
Chapter 5
Chapter 6

⊙ 3. 機械学習アルゴリズムと評価指標

　機械学習には多数のアルゴリズムが存在し、それぞれに独自の特性と利点があります。使用するアルゴリズムを選ぶ際、問題の性質やデータの特性を考慮することが重要となります。これは、各アルゴリズムが特定の問題に対する解決策を提供し、また、それぞれのアルゴリズムが異なる種類のデータに対して異なる効果を発揮するためです。

　さらに、選択したアルゴリズムに適した評価指標を定めることも大切です。評価指標は機械学習モデルの予測精度を測るために使用されます。適切な評価指標を選択することで、モデルの性能を正確に評価し、さらなる改善につなげられます。評価指標の選択は、最終的なモデルの成功を大いに左右するため、その重要性は見逃せません。

⊙ 4. 機械学習モデルの学習と選択

　最適な機械学習モデルを学習し、選択するためには、複数の要素を考慮する必要があります。これは、とくに予測精度を最大化するという目標を達成する上で重要です。

　まず、モデルの学習においては、適切な学習手法を選択し、学習のパラメータを最適化することが不可欠です。異なる学習アルゴリズムやパラメータ設定がモデルの性能に大きな影響を与えるため、この選択は重要となります。

　さらに、モデルの選択においては、評価指標、予測タスクの種類、データの特性などを考慮することが求められます。適切なモデルを選択することで、問題を解決するための最適な解答を得ることが可能となります。

　このSectionでは、これらの要素を考慮しながらモデルの学習と選択を行うための具体的な手法やベストプラクティスを詳しく解説します。機械学習プロジェクトを成功させるための重要なステップであることを理解し、それぞれのステップを適切に適用することで、最終的なモデルの性能を最大化することが可能となります。

Section
02　データ観察

Chapter 1

Chapter 2

Chapter 3

Chapter 4

Chapter 5

Chapter 6

イントロダクション

　本Sectionでは、データ観察の礎となるアプローチである要約統計量の計算と、可視化の方法について述べます。なお、本Sectionでは構造化データのみを対象とし、非構造化データについては対象外とします。

　注：このSectionでは説明や理解のしやすさのメリットを考えて、実務で使われるデータでなく、Irisなどのいわゆる「サンプルデータ」を用いています。どうかご了承ください。

データ観察は、統計量の算出や可視化を通じてデータの特徴を捉えるプロセスです。一般的には**探索的データ分析（exploratory data analysis, EDA）**と呼ばれることが多いですが、本書ではシンプルにデータ観察と呼びます。

　データ観察は主に次の目的で実施します。

- 特徴量学習や予測器学習を実施するための知見を得る
- モデル学習の目的を達成するための仮説を立てる
- モデル学習の目的を達成するための仮説が正しいかどうかを検証・評価する
- モデル学習の目的を達成するためにデータの過不足がないかを検証する

　目的からもわかるように、データ観察は、特定の段階において一度だけ行うもの、というよりは、モデル設計のサイクルにおいて、繰り返し実施し、知見を深めていくプロセスといえます。

⟩ 1. 構造化データの分類

　構造化データの変数は**カテゴリ変数（質的変数）**と、**数値変数（量的変数）**に大別されます。カテゴリ変数は、カテゴリで示される変数のことです。数値変数は、定量的に示すことのできる変数のことです。

　また、値のもつ性質によって4つの尺度に分類され、それぞれどのような統計量（後述します）を利用できるかが異なります。データ観察の第一歩として、各変数がどの尺度に分類されるかを把握することが重要となります。次の表は、尺度ごとに利用できる統計量と該当例をまとめたものです。

変数の種別	尺度	値比較の意味	利用できる統計量	例
カテゴリ変数	名義尺度	同じ値かどうかに意味がある	度数、最頻値	性別（女性、男性）、国籍（日本、アメリカ、…）、所属部署（営業部、経理部、…）
	順序尺度	上記に加え、順序関係がある	上記に加え、中央値、四分位数	成績の段階評価（優、良、可、不可）、服のサイズ分類（S、M、L）、レビューサイトの5段階評価
数値変数	間隔尺度	上記に加え、差の大きさに意味がある	上記に加え、最小値、最大値、平均、標準偏差	温度（摂氏）、日付・時刻
	比例尺度	上記に加え、比の大きさに意味がある	上記に加え、変動係数、幾何平均	年齢、体重、ある商品の売上

Chapter 1
Chapter 2
Chapter 3
Chapter 4
Chapter 5
Chapter 6

　カテゴリ変数のうち、性別（女性、男性）や国籍（日本、アメリカ…）など、カテゴリ間の順序関係をもたないものは**名義尺度**と呼ばれます。一方、カテゴリ間の順序関係をもつものは**順序尺度**と呼ばれ、大学における成績評価（優、良、可、不可）や、服のサイズ分類（S、M、L）などが該当します。

　数値変数のうち、値同士を差で比較することはできるものの、比で比較することが妥当でないものは**間隔尺度**と呼ばれます。間隔尺度で代表的なものは摂氏で表される温度で、30℃は20℃よりも10℃熱い温度だ、と表現することはできますが、1.5倍熱い温度だと表現することはできません。摂氏は熱さを示す指標ではありますが、-3℃といった0℃未満の温度もありえるように、0℃を起点とした指標ではなく、摂氏同士の比を熱さの比として用いることはできません。

　一方で、年齢や体重など、比で比較できるものは**比例尺度**と呼ばれます。年齢は比例尺度の一例です。間隔尺度である摂氏とは異なり、30歳の人は20歳の人よりも1.5倍長く生きている、と比による比較表現をすることができます。また、比例尺度は間隔尺度としての性質も備えていますので、30歳の人は20歳の人よりも10歳長く生きている、と表現できます。

混同しやすいケースとして、ECサイトにおける商品の5段階評価があります。こちらは各評価を 1 〜 5 の整数で表現しているので、一見間隔尺度であるようにも思えます。しかし、5段階の評価の間隔が（商品のよさを示す指標として）等しいという保証がなく、評価2と1の差が、評価3と2の差と同じ、といった表現ができません。そのため、厳密には間隔尺度とはいえず、順序尺度と見なすのが妥当といえます。一方で、このような5段階評価を間隔尺度と見なして分析がなされることも実際上はしばしばあります。そのような場合においても、「等間隔であるという仮定を置いて、間隔尺度と見なして扱われている」ことを認識する必要があります。

　日付・時刻変数は、日付、または時刻を示す変数のことで間隔尺度に該当します。日付・時刻変数は概念上、時系列上の一点を示す値であり、数値変数に位置づけることもできます。しかし、プログラムで扱う際に、NumPyやpandasなどのデータをもつ主要なライブラリにおいて数値とは異なるデータ型として扱われることや、特徴量生成・学習の観点でほかの数値変数と異なる性質をもつことから、実際上は数値変数とは分けて扱われることが多いです。

（>）2. 要約統計量の算出

　要約統計量は、データから算出される、データの特徴を要約した値を指します。統計量はあらゆる分析に必要となる基礎的な概念です。例えば、リテールにおいて販売データの分析を行う際に、各商品の販売量の平均や中央値を用いて販売傾向を把握したり、製品の寸法品質を評価するために寸法の平均と標準偏差を確認したり、基準を満たしているかを確認したりします。次の表に、要約統計量の例を示します。

統計量の名称	説明
度数	各値に該当するサンプルの数 (例：商品Aの今月の販売数量が263)
最頻値	最も多く出現する値 (例：商品を最も購入する年代が30代)
中央値	サンプルを小さい順に並べたときに、中央に位置するサンプルの値 (例：全国の世帯別貯蓄額の中央値が400万円)
四分位数	サンプルを小さい順に従って並べたときに4分の1ずつに位置するサンプルの値。25%、50%、75%に位置するサンプル値をそれぞれ第1四分位数、第2四分位数（＝中央値）、第3四分位数と呼ぶ (例：ある治療を行った患者の回復までの日数について四分位数を取ったとき、第1～3四分位数は順に6日、8日、18日)
最小値	最も小さい値 (例：今年度ある国家資格を取得した人のうち最年少（＝年齢の最小値）は12歳)
最大値	最も大きい値 (例：先月の販促用SNSアカウントの投稿のうち、最も好評だった投稿では最大値の218いいねを獲得)
平均 （算術平均、相加平均）	$\bar{x} = \frac{1}{n}\sum_{i=1}^{n} x_i$ 値の合計をサンプルサイズで割った数 (例：あるクラスの今期の数学のテストの平均点が74.2点)
標準偏差	$s = \sqrt{s^2} = \sqrt{\frac{1}{n}\sum_{i=1}^{n}(x_i - \bar{x})^2}$ 値のばらつき具合を示す値 (例：株価の収益率の標準偏差を計算して、投資ポートフォリオのリスクを評価)

　ここからは、seabornライブラリからplanetsデータを読み込み、要約統計量を算出します。まずは、データセットをpandas.DataFrameとして読み込みます。

```
import seaborn as sns
planet_df = sns.load_dataset("planets")
```

データの一部を表示してみます。

```
display(planet_df)
```

結果は次の表のとおりです。

	method	number	orbital_period	mass	distance	year
0	Radial Velocity	1	269.300000	7.10	77.40	2006
1	Radial Velocity	1	874.774000	2.21	56.95	2008
2	Radial Velocity	1	763.000000	2.60	19.84	2011
3	Radial Velocity	1	326.030000	19.40	110.62	2007
4	Radial Velocity	1	516.220000	10.50	119.47	2009
1030	Transit	1	3.941507	NaN	172.00	2006
1031	Transit	1	2.615864	NaN	148.00	2007
1032	Transit	1	3.191524	NaN	174.00	2007
1033	Transit	1	4.125083	NaN	293.00	2008
1034	Transit	1	4.187757	NaN	260.00	2008

1035 rows x 6 columns

　読み込んだデータの一部を目視確認することで、各カラムの名称や、どういった値を取りうるのかを概観できます。今回の場合、次の表のような変数種別、尺度をもつことが読み取れます。なお、「説明」列では各カラムの具体的な意味を補足しています。

変数名	説明	変数の種別	尺度
method	発見手法	カテゴリ変数	名義尺度
number	系における惑星の数	数値変数	比例尺度
orbital_period	軌道周期（単位：日）	数値変数	比例尺度
mass	重さ（木星の何倍か）	数値変数	比例尺度
distance	地球との距離（単位：光年）	数値変数	比例尺度
year	発見年	数値変数	間隔尺度

次に、名義尺度であるmethod変数について、要約統計量を求めます。

```
planet_df["method"].value_counts()
```

pandas.Series.value_counts()メソッドで、値ごとの度数 (=出現数) を集計し、度数によって降順に結果を出力します。結果は次のようになります。これにより、カテゴリごとの度数を確認できます。また、最頻値がRadial Velocityであることもわかります。

Radial Velocity	553
Transit	397
Imaging	38
Microlensing	23
Eclipse Timing Variations	9
Pulsar Timing	5
Transit Timing Variations	4
Orbital Brightness Modulation	3
Astrometry	2
Pulsation Timing Variations	1

Name: method, dtype: int64

次に、ほかの数値変数について、要約統計量を求めます。

```
planet_df.describe()
```

pandas.DataFrame.describe()メソッドにより、主要な要約統計量を一度に算出できます。結果は次のようになります。count（欠損していないサンプル数）、mean（平均）、std（標準偏差）、min（最小値）、25%（第1四分位数）、50%（第2四分位数＝中央値）、75%（第3四分位数）、max（最大値）が各変数について求められています。

	number	orbital_period	mass	distance	year
count	1035.000000	992.000000	513.000000	808.000000	1035.000000
mean	1.785507	2002.917596	2.638161	264.069282	2009.070531
std	1.240976	26014.728304	3.818617	733.116493	3.972567
min	1.000000	0.090706	0.003600	1.350000	1989.000000
25%	1.000000	5.442540	0.229000	32.560000	2007.000000
50%	1.000000	39.979500	1.260000	55.250000	2010.000000
75%	2.000000	526.005000	3.040000	178.500000	2012.000000
max	7.000000	730000.000000	25.000000	8500.000000	2014.000000

さらに、比例尺度であるnumber、orbital_period、mass、distanceについては、変動係数を求めて4変数間の値の散らばり具合を平均で調整した上で比較できます。

3. 可視化

　要約統計量は、データの特徴を捉えるための多くの示唆を与えますが、多くの変数同士の関係を俯瞰したい場合には、幾何的な関係をプロットし、視覚的に理解する手法がより効果的です。例えば、工場でボルトを製造するシナリオを考えます。目標は10mmのボルトを作ることですが、機械の微細なばらつきがあり、実際にはすべてのボルトがピッタリ10mmにはなりません。

　ここで平均値と標準偏差を計算すると、ボルトの「平均的なサイズ」や「サイズのばらつき」を知る手がかりになります。しかし、ヒストグラムを利用することで、これらのサイズのばらつきが目標サイズからどれくらい逸脱しているのか、また、どのサイズのボルトが最も多く、または少なく生成されているのかが一目でわかり、工程の改善ポイントを視覚的に把握しやすくなります。ここでは、データ観察に有効な可視化手法のうち、代表的なものをいくつかご紹介します。

▶ ヒストグラム

　ヒストグラムは、前項で算出した度数の分布を棒グラフにしたものです。使用する統計量は度数のみなので、全ての尺度でプロットできます。

　次のコードでは、planetsデータのmethod変数のヒストグラムをプロットしています。

```
sns.countplot(data=planet_df, y="method",
              order=planet_df["method"].value_counts().index)
```

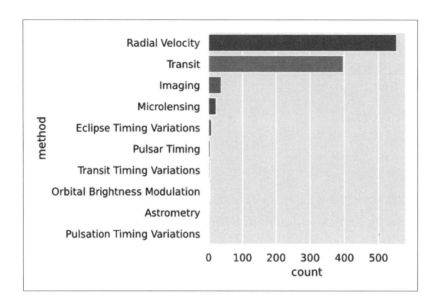

　前項の度数一覧と比べて、ヒストグラムだと大小関係が一目瞭然です。ただし、最頻値に対して極端に小さい値については、プロットされたバーの幅が狭すぎて比較がしにくくなる場合があります。そのような場合は、それぞれの度数を確認するか、極端に小さい値のみに絞って可視化します。

　数値変数のヒストグラムを算出する場合、通常は数値ごとの度数ではなく、等間隔に区切られた範囲（binと呼びます）ごとの度数に基づいてプロットします。次のコードでは、planetsデータのmass変数のヒストグラムをbin幅1でプロットしています。

```
sns.histplot(data=planet_df, x="mass", binwidth=1)
```

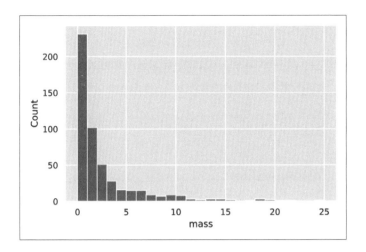

ヒストグラムをプロットすることで、母集団の分布をイメージできます。より直接的には、次のようにseaborn.histplot 関数に kde=Trueを与えることで、**カーネル密度推定 (kernel density estimation, KDE)** によって推定した確率密度関数を同時にプロットできます。具体的なメリットについては本項の冒頭ですでに説明したとおりです。

```
sns.histplot(data=planet_df, x="mass", binwidth=1, kde=True)
```

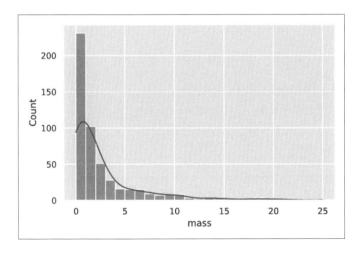

グラフを見ると、分布が左側（値が小さい方）に集中していて、右側に行けば行くほど度数が小さくなっている（右裾が長い）ことがわかります。このような分布は、次のように**対数化**することによって新しい側面が見えることがあります。例えば、Webサイトのアクセスログには数回のアクセスログから数万回、数百万回のアクセスまでのさまざまなページが存在します。アクセス数の対数ヒストグラムを用いることで、高トラフィックページと低トラフィックページのバランスや動向を同時に把握することができます。

```python
planet_df["mass"] = np.log(planet_df["mass"])
sns.histplot(data=planet_df, x="mass", kde=True)
```

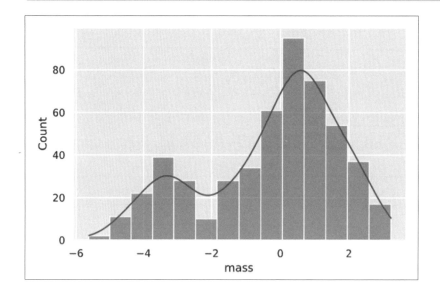

mass は惑星の重さ（木星の何倍か）を示しています。対数化することで、初めて重さの分布に山が2つある（二峰性をもつ）ことがわかります。これにより、どちらの山に属するかによって惑星の性質を大別できるのではないかといった、新たな仮説を生むことができます。

▶ 散布図

散布図は、2変数の相関関係を可視化したものです。基本的には2つの数値変数を用いてプロットされます。本項では、seaborn ライブラリから読み込んだiris（アヤメ）データを用いて散布図の説明をします。

irisデータのスキーマは次の表のとおりです。

変数名	説明	変数の種別	尺度
sepal_length	がく片の長辺	数値変数	比例尺度
sepal_width	がく片の短辺	数値変数	比例尺度
petal_length	花弁の長辺	数値変数	比例尺度
petal_width	花弁の短辺	数値変数	比例尺度
species	種（setosa、versicolor、virginica）	カテゴリ変数	名義尺度

次のコードでは、irisデータの `sepal_length`（がく片の長辺）と `petal_length`（花弁の長辺）について、散布図をプロットしています。

```
iris_df = sns.load_dataset("iris")
sns.scatterplot(data=iris_df, x="sepal_length", y="petal_length")
```

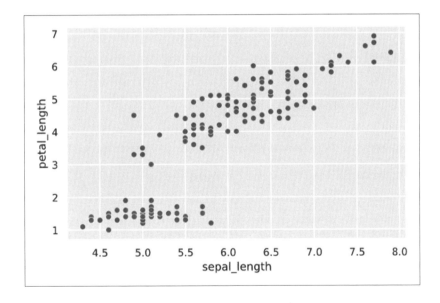

この図から、sepal_lengthが大きいサンプルほど、petal_lengthも大きい傾向があることがわかります。次のコードでは、種ごとに分類した散布図をプロットしています。

```
sns.scatterplot(
    data=iris_df, x="sepal_length", y="petal_length",
    hue="species", style="species",
    palette=['#add8e6', '#0000FF', '#808080'],
    markers={"setosa": "o", "versicolor": "X", "virginica": "s"}
)
```

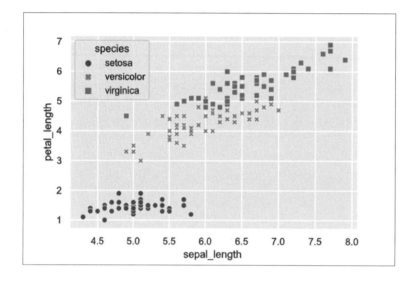

この図から、setosa種については、ほかの2種と比べてプロット点全体の傾きが横ばいに見えることから、他種よりはsepal_lengthとpetal_lengthの相関関係が弱そう、ということが伺えます。

ここで、2変数の（線形な）相関関係を定量的に示すため、**相関係数**を求めます。相関係数は-1以上1以下の値をとり、1に近いほど強い正の相関があり、-1に近いほど強い負の相関があることを示します。相関係数が0のときは無相関であることを意味します。相関係数はあくまで線形な相関関係についての指標であり、非線形な相関関係については何も示唆を与えないことには注意が必要です。

次のコードでは、sepal_lengthとpetal_lengthについて、種ごとにピアソンの相関係数を求めています。

```
iris_df.groupby("species")[["sepal_length", "petal_length"]].apply(
    lambda x: x["sepal_length"].corr(x["petal_length"])
)
```

species	
setosa	0.267176
versicolor	0.754049
virginica	0.864225

dtype: float64

　この結果から、いずれの種も正の相関があるものの、setosa種はほかの2種に比べると相関が弱く、散布図の結果とも整合していることがわかります。

　ここまででヒストグラムと散布図について紹介しましたが、seabornライブラリには、データフレームに対して各変数のヒストグラムと、各変数間の散布図を一度にプロットする便利な関数があります。

　次のコードでは、seaborn.pairplot関数を用いて、ヒストグラムと散布図によってirisデータ全体を俯瞰します。

```
sns.pairplot(
    iris_df,
    hue="species",
    palette=['#add8e6', '#0000FF', '#808080'],
    markers={"setosa": "o", "versicolor": "X", "virginica": "s"}
)
```

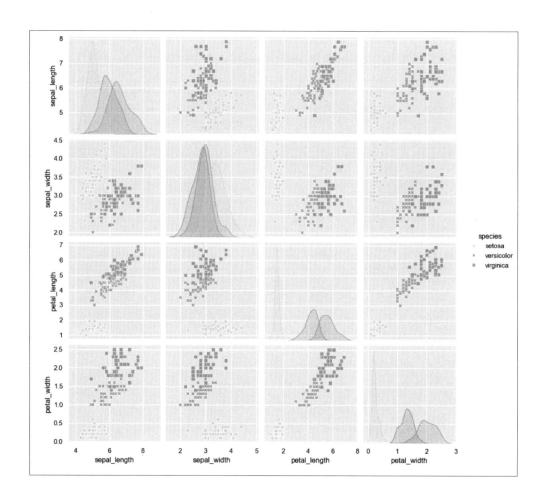

▶ 箱ひげ図

　箱ひげ図は、数値変数の最小値、第1〜3四分位数、最大値の5つの値（**5数要約**と呼びます）、およびはずれ値を可視化したものです。例えば、カスタマーサポートでの対応時間がチーム間で一貫していない可能性があるときに、箱ひげ図を用いて応答時間を可視化することで、中央値やばらつき、はずれ値を概観できます。これによって、他のチームと比較して極端に応答に時間がかかっているチームに対しては追加のトレーニングを検討する、といった施策を打つことができます。

　次のコードでは、irisデータのsepal_lengthについて、speciesごとに箱ひげ図をプロットします。

```
sns.boxplot(data=iris_df, x="sepal_length", y="species")
```

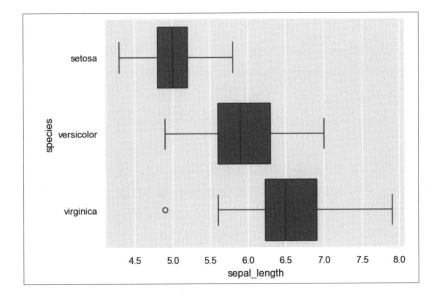

Chapter 1
Chapter 2
Chapter 3
Chapter 4
Chapter 5
Chapter 6

この図では、第1（Q1）から第3四分位数（Q3）の範囲が色付きの箱でプロットされ、第2四分位数（Q2＝中央値）には縦線が引かれています。箱の両端からはひげが伸びており、この両端ははずれ値を除いた最小値と最大値を示しています。

virginica種にプロットされている○マークははずれ値を表しています。次の図ははずれ値の定義を示したものです。

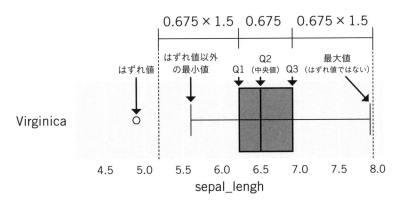

○マークの値は、箱の長さ（Q3-Q1）である0.675の1.5倍をQ1から引いた値に収まらないほど小さいため、はずれ値としてプロットされています。ひげの左端は2番目に小さい値で、はずれ値ではありません。また、最大値は箱の長さの1.5倍をQ3に足した値に収まるため、はずれ値としては見なされず、ひげの右端としてプロットされています。

Section 02　まとめ

　このSectionでは、データ観察の初歩として構造化データの種別（カテゴリ変数、数値変数）と4つの尺度（名義尺度、順序尺度、間隔尺度、比例尺度）について紹介しました。

　また、ヒストグラムや散布図、箱ひげ図といった基本的な可視化手法についても紹介しました。データ観察においては、扱う尺度や目的に応じて適切な可視化手法を選択することが重要となります。

参考文献
- 『統計学基礎』日本統計学会（2012年）東京図書

Section

03 特徴量生成・学習

Chapter 1

Chapter 2

Chapter 3

Chapter 4

Chapter 5

Chapter 6

イントロダクション

特徴量とはモデルを学習したり、予測をしたりする際に使用するデータのことです。例えば、住宅の価格を予測するタスクを考えると、特徴量としては「家の面積」「部屋の数」「立地」「築年数」などが特徴量に当たります。元データをそのまま特徴量として使える場合もありますが、多くのケースで変換や選択が必要になります。例えば「立地」の情報が「都心からの距離（km）」として与えられた場合、それを「駅からの歩行時間（分）」に変換することで、より意味のある特徴量を得られます。

このように特徴量を作成、選択、または変換するプロセスを特徴量エンジニアリングと呼びます。特徴量エンジニアリングは、機械学習のパフォーマンスを向上させるための重要なステップとなります。よい特徴量を選択することは、モデルの精度を大きく向上させる鍵となります。

本Sectionでは、入力データの形式ごとに、特徴量エンジニアリングの手法を紹介します。

本Sectionで紹介するデータの変換

特徴量エンジニアリングについて本Sectionで紹介するデータ形式は次になります。

- **カテゴリデータ**：限られた選択肢からの値をとるデータ。例：性別（男性、女性）、血液型（A, B, O, AB）、製品のカテゴリ（本、電子機器、衣料品）など
- **数値データ**：連続的な数値をとるデータ。例：年収、身長、商品の価格など
- **日付・時刻データ**：日付や時間を示すデータ。例：2023-09-10 14:30:00

それでは、一つひとつ見ていきましょう。

カテゴリデータの特徴量エンジニアリング

まずはカテゴリデータの特徴量エンジニアリングについて詳しく解説します。カテゴリデータとは、具体的な数値ではなく、一連のラベルやクラスで表されるデータです。例えば、色のカテゴリ（"red", "blue", "green"）や商品のタイプ（"book", "electronics", "clothes"）などがこれに該当します。多くの機械学習モデルは数値データを前提としているため、これらのカテゴリデータを数値形式に変換する手段が必要です。

pandasとscikit-learnを使用して、カテゴリデータからの特徴量生成とその学習方法を紹介します。

カテゴリデータに対して特徴量エンジニアリングする方法は多数存在しますが、その中でとくに頻繁に使われるものを3つ紹介します。

1. ワンホットエンコーディング（One-Hot Encoding）

　ワンホットエンコーディングは、カテゴリデータの各カテゴリを独立したバイナリカラム（0 or 1の値をもつカラム）として表現するものです。例えば、先述した色のカテゴリでは、"red", "blue", "green"それぞれに対応する3つの新しいカラムが作成され、それぞれのカラムは対応する色が該当するかどうかを示します。

　pandasのget_dummiesというメソッドを用いてワンホットエンコーディングを行うことができます。コード例は次のようになります。

python
```
one_hot = pd.get_dummies(df['category_column'], prefix='category')
df = pd.concat([df, one_hot], axis=1)
```

メリット

- 直感的：カテゴリ変数がもつ各カテゴリの情報が独立したカラムとして表現されるため、解釈が容易です。
- 順序に依存しない：カテゴリに順序がない場合や、順序の情報が不要な場合に有効です。

デメリット

- 次元の増加：多数のカテゴリが存在する場合、特徴の次元が大幅に増加する可能性があります。
- スパース性：大部分が0であるようなスパースな行列を生成する可能性があり、一部のアルゴリズムでは効率が悪くなることがあります。

⟩ 2. 順序エンコーディング（Ordinal Encoding）

　順序エンコーディングは、カテゴリに明確な順序が存在する場合（例："low", "medium", "high"のような順序）に適しています。これらのカテゴリを、その順序に従って整数値に変換します。変換はscikit-learnのOrdinalEncoderを使って行うことができます。

python
```python
from sklearn.preprocessing import OrdinalEncoder
encoder = OrdinalEncoder()
df['encoded_ordinal'] = encoder.fit_transform(df[['ordinal_category_column']])
```

メリット

- 情報の保存：カテゴリに明確な順序や階層性が存在する場合、その情報を保持できます。
- 次元の増加がない：変換後も特徴の次元は増加しません。

デメリット

- 順序の解釈：元々のカテゴリデータに順序性がないのに順序エンコーディングを使用すると、モデルが誤った順序の情報を学習する可能性があります。

⟩ 3. ラベルエンコーディング（Label Encoding）

　ラベルエンコーディングは、カテゴリデータの各カテゴリに一意の整数値を割り当てるものです。例えば、色のカテゴリで "red", "blue", "green" という3つのラベルがある場合、それぞれに0, 1, 2という整数値を割り当てられます。

　変換はscikit-learnのLabelEncoderを使って行うことができます。コード例は次のようになります。

python

```python
from sklearn.preprocessing import LabelEncoder

# ラベルエンコーダーのインスタンスを作成
label_encoder = LabelEncoder()

# データフレームのカテゴリカラムをエンコーディング
df['encoded_label'] = label_encoder.fit_transform(df['category_column'])
```

メリット

- シンプル：カテゴリを一意の整数に変換することで、シンプルな数値データに変換できます。
- 次元の増加がない：変換後も特徴の次元は増加しません。

デメリット

- 順序の解釈：ワンホットエンコーディングと同様に、元々のカテゴリデータに順序性がないのにラベルエンコーディングを使用すると、モデルが誤った順序の情報を学習する可能性があります。

⟩ どれを使えばよいか迷ったら

3つの手法を紹介しましたが、どれを選んでよいか悩んだら、ワンホットエンコーディングを使うことをおすすめします。理由は、最も直感的であり、予測結果としておかしな結果が出にくいからです。

ただ、ワンホットエンコーディングのデメリットもありますので、実際のケースに合わせて選んでください。また、ここで紹介していない手法も多数ありますので、気になる方はこのSectionの末尾に記載する、おすすめの書籍をぜひご参照ください。

数値データの特徴量エンジニアリング

　数値変数はすでに数値形式であるため、多くの機械学習モデルで直接利用可能です。ただし、そのままの形式ではモデルの性能を最大限に引き出すことが難しい場合があります。数値変数をさらに効果的な特徴量として活用するための手法を解説します。

＞ 1. 標準化

　標準化は、データセットの平均が0、標準偏差が1になるように数値を変換することを指します。これにより、異なる特徴量間でのスケールの差異がなくなります。具体的には次の式によって値を変換する処理を指します。

$$x' = \frac{x - \mu}{\sigma}$$

　ここで、x'は変換後の特徴量、xは元の数値を、μ、σはそれぞれxの平均、標準偏差を表します。標準化はscikit-learnのStandardScalerを使って行うことができます。コード例は次のようになります。

python

```
from sklearn.preprocessing import StandardScaler
scaler = StandardScaler()
df['scaled_feature'] = scaler.fit_transform(df[['numeric_feature']])
```

メリット

- 多くの機械学習アルゴリズム（とくに勾配降下法を使用するもの）の収束速度が向上することが多いです。
- 特徴量間のスケールの差異がなくなるため、比較や解釈が容易になります。

デメリット

- データの分布が正規分布でない場合、効果が限定的な場合があります。

2. 正規化

　正規化は、データセットの最小値が0、最大値が1になるように数値を変換することを指します。異なるスケールの特徴量を同じスケールに変換することにより、特定の特徴量のスケールが結果に過度な影響を与えるのを防げます。具体的には、次の式を使って数値を変換します。

$$x' = \frac{x - min(x)}{max(x) - min(x)}$$

　ここで、x'は変換後の特徴量、xは元の数値、$min(x)$と$max(x)$はそれぞれデータセット内のxの最小値と最大値を示します。

　正規化はscikit-learnのMinMaxScalerを用いて実行できます。次はそのコード例です。

python
```
from sklearn.preprocessing import MinMaxScaler
scaler = MinMaxScaler()
df['minmax_scaled_feature'] = scaler.fit_transform(df[['numeric_feature']])
```

メリット

- 全ての特徴量が同じスケールになるため、スケールの影響を受けにくくなります。

デメリット

- 範囲外の新しいデータが来た場合、スケーリングが維持されません。

3. 対数変換

　対数変換は、数値のスケールを変更して分布を正規分布に近づける、またはスケールの影響を減少させるための手法です。とくに、データの分布が偏っている場合や、大きな値のはずれ値が存在する場合に有効です。対数変換を行うと、多くの場合で、データの分布が正規分布に近づくことが期待されます。np.log1pは、入力値に1を加えた後で自然対数を取る関数で、値が0の場合でも対数を取ることができるのが特徴です。

　対数変換はNumPyのlog1pを使って行うことができます。次がコード例です。

python

```
df['log_feature'] = np.log1p(df['numeric_feature'])
```

メリット
- ゆがんだ分布をもつデータを正規分布に近づけられます。
- 乗算的な変動や指数的な成長パターンを線形の関係に変換できます。

デメリット
- 元のスケールと比較して解釈が難しくなる場合があります。
- 0以下の値が存在する場合、変換に問題が生じる可能性があります。

4. ビニング/離散化

　ビニングまたは離散化は、連続的な数値変数をいくつかの範囲やカテゴリに分けることを指します。これにより、連続データをカテゴリデータとして扱うことが可能となります。例えば、年齢を10歳ごとのカテゴリに分ける場合や、所得を所得階層ごとのカテゴリに分ける場合などに使用されます。この変換は、データのノイズを減少させるためや、特定のカテゴリに対する分析を容易にするために利用されることが多いです。

　pd.cut関数を使用することで、指定したビンの境界値やラベルに基づいてデータを離散化できます。次がコード例です。

python

```python
bins = [0, 10, 20, 30, np.inf]
labels = ['0-10', '10-20', '20-30', '30+']
df['binned_feature'] = pd.cut(df['numeric_feature'], bins=bins, labels=labels)
```

メリット
- 離散的なカテゴリとしてデータを扱うことで、ノイズやはずれ値の影響を減少させられます。
- データの解釈が容易になる場合があります。

デメリット
- カテゴリ化により、データの細かい変動や情報が失われる可能性があります。
- 適切なビンの数や境界を選択するのが難しい場合があります。

どれを使えばよいか迷ったら

　4つの手法を紹介しましたが、どれを選んでよいか悩んだら、標準化だけすることをおすすめします。なぜなら汎用的に有効でデメリットも少ないためです。あるいは数値データに関しては無理に特徴量エンジニアリングをしないという選択肢も考えられます。

日付・時刻データの特徴量エンジニアリング

　日付・時刻データは、一見すると直接的な情報をもたないかのように思えますが、適切に特徴量として変換することで機械学習モデルの性能向上に寄与することが多いです。ここから、pandasとscikit-learnを使用して日付・時刻データから特徴量を生成し、それを学習に用いる方法を示します。

1. 基本的な日付/時刻の成分の抽出

　日付や時刻のデータは多くの成分をもっています。これらの成分を個別の特徴として抽出することで、時系列データや日付データを扱うモデルの精度を向上させられることが多いです。具体的には、年、月、日、曜日などの情報を個別のカラムとして分離して利用することが考えられます。pandasのdatetime型のカラムには、これらの情報を簡単に抽出するための属性が提供されています。

python

```python
df['year'] = df['datetime_column'].dt.year
df['month'] = df['datetime_column'].dt.month
df['day'] = df['datetime_column'].dt.day
df['weekday'] = df['datetime_column'].dt.weekday
```

2. 季節性の特徴の生成

　季節性は、多くのビジネスや自然現象に影響を及ぼす重要な要因です。そのため、データに季節性の特徴を追加することで、モデルの予測性能を向上させることが期待されます。例として、四半期や季節（春、夏、秋、冬）に基づく特徴を生成することが考えられます。このような特徴は、特定の季節に関連するトレンドやパターンをキャッチするのに役立ちます。

python

```python
# 四半期の特徴を生成
df['quarter'] = df['datetime_column'].dt.quarter

# 季節を示す特徴を生成
def get_season(month):
    if month in [3, 4, 5]:
        return 'spring'
    elif month in [6, 7, 8]:
        return 'summer'
    elif month in [9, 10, 11]:
        return 'autumn'
    else:
        return 'winter'

df['season'] = df['month'].apply(get_season)
```

3. 時間経過に関する特徴

　特定の参照日時からの経過時間は、多くのシナリオで役立つ特徴となります。例えば、製品の使用開始からの経過日数、ユーザーの登録からの経過時間など、経過時間はユーザーの行動や製品の性能変化を予測するのに有効な情報を提供することがあります。pandasを使用して、特定の参照日時からの経過日数や時間を簡単に計算できます。

python

```python
reference_date = pd.Timestamp('2023-01-01')
df['days_since_reference'] = (df['datetime_column'] - reference_date).dt.days
```

ⓥ 4. 周期的な特徴の変換

時間データの周期性は、日のサイクルや年のサイクルなど、周期的に繰り返す特徴をもっています。sinやcosの変換を使用してこれらの周期的な特徴を表現することで、モデルがこれらの周期性をより効果的にキャッチするのを助けられます。とくに、時刻を直接的にモデルに入力するのではなく、sin/cos変換を使用することで、時間の周期性を捉えるのに役立ちます。

python
```python
df['hour_sin'] = np.sin(2 * np.pi * df['datetime_column'].dt.hour / 24)
df['hour_cos'] = np.cos(2 * np.pi * df['datetime_column'].dt.hour / 24)
```

ⓥ 5. 祝日や特定のイベントまでの日数

特定の日付、例えば祝日やセール、イベントの日などには特別な意味があり、それまでの日数やその後の日数はモデルの予測に影響を及ぼす可能性があります。例として、クリスマスまでの日数を特徴として使用することで、消費者の購買行動の変化を捉えることが考えられます。このような特徴は、特定の日付の影響をモデルに反映させるための重要な情報を提供します。

python
```python
event_date = pd.Timestamp('2023-12-25')   # 例としてクリスマスの日を考えます。
df['days_until_event'] = (event_date - df['datetime_column']).dt.days
df['days_since_event'] = (df['datetime_column'] - event_date).dt.days
```

ⓥ どれを使えばよいか迷ったら

カテゴリデータ、数値データと異なり日付・時刻データに関しては、残念ながら、迷ったら「とりあえずこれ」といった手法はありません。ここで説明した手法を理解し、ご自身の扱うデータにあった手法を選ぶようにしてください。

Column	欠損値の扱い

データの欠損は実際の機械学習プロジェクトにおいて一般的な問題です。欠損データの取り扱い方によっては、モデルの性能に大きな影響を与える可能性があるため、注意が必要です。以下に、欠損データに関する特徴量エンジニアリングの一般的なアプローチを示します。

1. 欠損値を削除する

欠損値を削除するのは最もシンプルな方法です。「欠損しているなら、使わなければよい」というアプローチです。具体的には欠損値をもつ行を全て削除します。これはデータの量が十分に多く、少数の欠損行の削除が大きな影響を与えない場合に適しています。

2. 補完する

欠損値を補完するのも優良な方法です。具体的には次の2つの方法が一般的に使われます。

- 平均、中央値、最頻値での補完：数値データの場合、欠損値をその列の平均や中央値で置き換えることが一般的です。カテゴリデータに関しては、最頻値（最も多く現れるカテゴリ）で補完します。
- 定数補完：全ての欠損を特定の定数（例：-999）で置き換える方法です。これはモデルが欠損値を特定のカテゴリとして扱えるようにするための手法として利用されることが多いです。

3. 予測モデルを使用して補完する

予測モデルを使用して補完する方法は、ここで紹介した手法では最も応用的な手法です。欠損している特徴量をターゲットとして、その他の特徴量を用いて予測モデル（例：線形回帰、決定木など）を訓練する方法です。この方法は、欠損しているデータの補完にほかの関連する特徴量の情報を活用できるため、より精度の高い補完が期待されます。ただし、計算コストが高くなる場合があるので、その点を考慮する必要があることに注意してください。

どれを使えばよいか迷ったら

　欠損しても問題ないケース、つまり、データが欠損していたら予測を行う必要がないケースであれば、欠損値を削除するのが簡単です。しかし、現実的には「絶対に何らかの予測を行わなければならない」ということもあるので、その場合はほかの手法を検討してみてください。また「絶対に何らかの予測を行わなければならない」ケースでは「機械学習の外側でデフォルトの結果を用意しておく」という方法もあったりするので、機械学習モデルだけに限定して考えるのではなく、柔軟に目的を達成できる方法を考えましょう。

Section 03　まとめ

　このSectionでは、特徴量エンジニアリングの手法を、カテゴリデータ、数値データ、日付・時刻データという分類ごとに説明しました。ここで紹介した手法は全体からするとほんのわずかで、ほかにもたくさんの手法が存在しており、データの種類や目的によって使い分ける必要があります。

　このSectionで特徴量エンジニアリングの手法を使い分ける雰囲気をつかんでもらえたかと思いますので、その知識を利用して、参考文献などを読み、より深く特徴量エンジニアリングについて学んでみてください。

参考文献

- 『評価指標入門〜データサイエンスとビジネスをつなぐ架け橋』高柳 慎一、長田 怜士、株式会社ホクソエム（2023年）技術評論社
- 『機械学習を解釈する技術〜予測力と説明力を両立する実践テクニック』森下 光之助（2021年）技術評論社
- 『機械学習のための特徴量エンジニアリング ―その原理とPythonによる実践』Alice Zheng, Amanda Casari, 株式会社ホクソエム（2019年）オライリー・ジャパン
- 『前処理大全［データ分析のためのSQL/R/Python実践テクニック］』本橋 智光, 株式会社ホクソエム（2018年）技術評論社

Chapter 1
Chapter 2
Chapter 3
Chapter 4
Chapter 5
Chapter 6

Section 04 機械学習アルゴリズムと評価指標の選定

イントロダクション

　このSectionでは、機械学習アルゴリズムとモデルの評価指標の選定方法について解説します。機械学習アルゴリズムと評価指標の選定は機械学習プロジェクトの中で最も重要なタスクの1つですが、一方で最も難しいタスクの1つでもあります。機械学習で解決したいビジネス課題が見つかったが、どのアルゴリズムを使えばよいか迷ってしまった経験は誰にでもあるでしょう。また評価指標に関してもさまざまなものがあり、自分が使いたいアルゴリズムに対してどの評価指標が使えるのか、どの評価指標を使うべきなのか、を考えなければいけないので、さらに悩んでしまいます。

　機械学習アルゴリズムと評価指標を選定する上では、それぞれがもつ特徴や性質を理解する必要があります。この章ではそういった特徴、性質を説明してどのように実際のビジネス課題に対して選定をすればいいか説明します。

アルゴリズム

▶ 大まかな分類
機械学習アルゴリズムは大きく分類すると次のように分類できます。

- 回帰問題（教師あり学習）
- 分類問題（教師あり学習）
- 時系列分析
- レコメンド
- 自然言語処理
- 画像分類
- 異常検知

これらの大まかな分類の中にさまざまなアルゴリズムがあります。注意点として、この分類はビジネスシーンでよく使われ、本書でも紹介しているアルゴリズムに限定しています。これら以外にも特定の領域で使われるアルゴリズムは多数存在します。もし、自分が取り組みたい課題に当てはまるアルゴリズムがここにない場合は、ぜひ、このSectionの参考文献をチェックしてみてください。例えば、ここに含まれていないメジャーなアルゴリズムの分類として、強化学習などがあります。

さまざまなユースケースに対する各分類のアルゴリズムを使った機械学習プロジェクトの進め方はChapter 2〜4で説明しています。

▶ 使い分けフローチャート
分類されたアルゴリズムをどのように使い分けるかについてですが、インターネットまたは機械学習の書籍を見ると便利なフローチャートを見つけられます。例えば、有名なものとしてscikit-learnの公式ドキュメントに記載されているフローチャートがあります。

- https://scikit-learn.org/stable/tutorial/machine_learning_map/index.html

Chapter 1
Chapter 2
Chapter 3
Chapter 4
Chapter 5
Chapter 6

このフローチャート自体は非常に有益なのですが、ビジネス課題に対する分類が含まれていないこと、機械学習の初心者にとってはややとっつきにくいこともあり、本書用にフローチャートを作成しました。

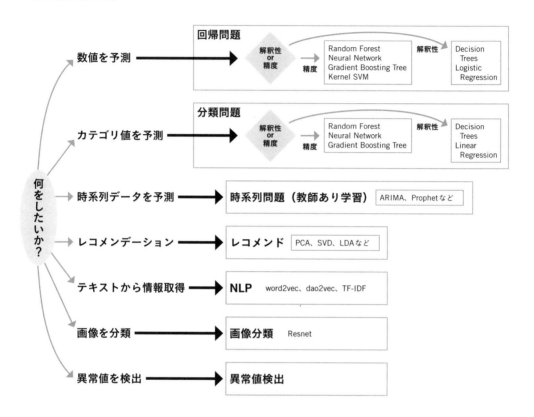

　スタート地点は、解決したいビジネス課題において「何をしたいか？」になります。数値を予測したいのか、カテゴリ値を予測したいのか、時系列データを予測したいのかなどです。「何をしたいか？」によって、選択するアルゴリズムの大分類が決まります。回帰問題、分類問題、時系列問題などです。ここでお気付きの方もいるかもしれませんが、本書のChapter 2〜4はこの「何をしたいか？」の回答に対応しています。それぞれのアルゴリズムを使ってどのようにビジネス課題にアプローチするか、についてはChapter 2〜4の各Sectionをご参照ください。

解釈性 or 精度

「何をしたいか？」で「数値を予測」あるいは「カテゴリ値を予測」を選んだ際に、「解釈性 or 精度」という選択肢を設けています。これが何を表しているか説明します。

同じ回帰分析に属するアルゴリズムでも、その種類によって、人間が解釈しやすいものと解釈しづらいものがあります。解釈しやすいアルゴリズムとして、最も典型的なのが線形回帰アルゴリズムです。線形回帰アルゴリズムの最も単純な例として、線形回帰アルゴリズムの特徴量が1つの場合は、次のような数式で表すことができます。

$$y = ax + b$$

目的変数　係数　特徴量　切片

目的変数が特徴量と係数の掛け算と切片との足し算で計算されています。モデルを学習すると次の数式のように係数と切片が計算されます。

$$y = 3x + 4$$

目的変数　係数　特徴量　切片

見ていただくとわかるように、これは中学校で習う変数を用いた単純な数式です。この単純な数式であれば特徴量の数値が増えたとき、減ったときの目的変数の増減が直感的に理解できるでしょう。これが「解釈しやすいアルゴリズム」の代表格である、線形回帰アルゴリズムの仕組みです。特徴量の数が増えたとしても係数と特徴量の掛け算が増えていくだけなので考え方は同じです。

人間が解釈をしやすいアルゴリズムのほかの例として、決定木アルゴリズムがあります。決定木アルゴリズムに関してはこのSectionの後半で説明していますが、線形回帰アルゴリズムと同様に本質的な仕組みは非常に単純です。

Chapter 1
Chapter 2
Chapter 3
Chapter 4
Chapter 5
Chapter 6

一方、人間が解釈しづらいアルゴリズムもあります。例えば、これまでのSectionでも扱ってきたRandom Forest、ディープラーニングという名前でもよく知られているニューラルネットワークです。これらのアルゴリズムは単純な線形回帰モデルや決定木モデルを複雑に組み合わせたモデルです。いま、線形回帰アルゴリズムの例で見たような、人間が特徴量の値の増減により目的変数の値の増減を直感的に理解することが非常に難しいアルゴリズムです。

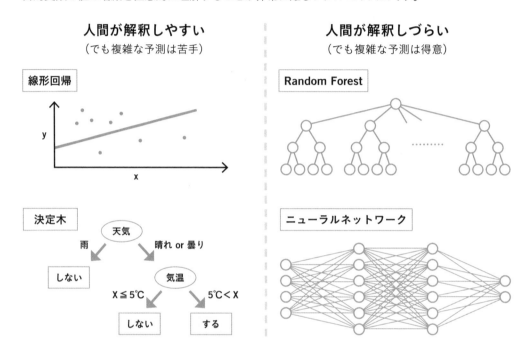

　一般的に、複雑なアルゴリズムであればあるほど学習データがもつ複雑な傾向を捉えられるので、学習データがある程度複雑である場合は精度がよくなる傾向があります。その一方、解釈がしやすい線形回帰アルゴリズムでは、学習データがもつ複雑な傾向を捉えられない場合が多いです。このようにアルゴリズムにより、得意な領域、不得意な領域があることを覚えておいてください。

　精度が求められるか、解釈性が求められるかについては、解決したいビジネス課題の性質に大きく依存します。端的にいうと、出力された予測結果に対して何らかの分析が必要な場合は解釈性が求められることが多いです。純粋によい予測結果を得たいだけであれば精度を求めることになるでしょう。

近年では、人間が解釈しづらいといわれているアルゴリズムに対して、解釈性を上げるための研究が進んでいます。例えばSHAP（SHapley Additive exPlanations）のような手法、ライブラリがあります。「機械学習の解釈性」などのワードで検索するとさまざまな情報が出てくるので、興味のある方は調べてみてください。

代表的なアルゴリズムの説明

それでは、大まかな分類の中の代表的なアルゴリズムを説明します。

⟩ 回帰問題（教師あり学習）

回帰問題に対する代表的なアルゴリズムとして次のようなものがあります。

- **Linear Regression（線形回帰）**
- **決定木**
- **Random Forest（ランダムフォレスト）**
- **Gradient Boosted Tree（勾配ブースティング木）**
- **ニューラルネットワーク**

⟩ Linear Regression（線形回帰）

　線形回帰は、データ点に最もよくフィットする直線を見つけることで、連続的な目的変数の予測を行うアルゴリズムです。ridgeやlassoは線形回帰の正則化バージョンであり、過学習を防ぐことを目的としています。

特徴
- シンプルで解釈性が高い
- 高次元データでは過学習しやすい

▶ Random Forest（ランダムフォレスト）

ランダムフォレストは、複数の決定木を組み合わせて使用するアンサンブル学習の一種です。それぞれの決定木は、ランダムにサンプリングされたデータセットと特徴量の部分集合を使用してトレーニングされます。予測は、全ての決定木の予測の平均として行われます。

特徴

- 過学習を抑制する傾向があり、単一の決定木よりも頑健
- 特徴量の重要度を推定できる
- 並列化が容易で、大規模なデータセットに効果的

▶ Gradient Boosted Tree（勾配ブースティング木）

勾配ブースティング木は、アンサンブル学習の一手法で、複数の決定木を逐次的に構築します。各ステップでの予測の残差を学習する新しい決定木を追加することで、モデルの予測性能を向上させていきます。

特徴

- 高い予測精度をもつことが多い
- 過学習しやすいため、パラメータの調整が重要
- 特徴量の重要度を算出可能

勾配ブースティング木は一般的にXGBoost, LightGBM, CatBoostといったライブラリでさらに最適化されたアルゴリズムとして実装されており、それらが使われるのが一般的です。XGBoost, LightGBM, CatBoostの簡単な説明を次に示します。

- **XGBoost**：並列処理により高速な学習が可能。欠損値の自動処理や正則化が特徴
- **LightGBM**：大規模なデータセットに適しており、XGBoostよりも高速に学習することが多い。とくにカテゴリカル特徴量の処理が効率的
- **CatBoost**：カテゴリカル変数の自動エンコーディングが特徴で、プレプロセッシングが不要なケースが多い

決定木

決定木、Random Forest、Gradient Boosted Tree はツリー型のアルゴリズムの仲間です。Random Forest、Gradient Boosted Tree は決定木アルゴリズムの応用系です。

決定木は次の図のように特徴量をもとに、さまざまな条件に照らし合わせて分類していき、最終的な結果を得る方法です。アキネーターという、簡単な質問を繰り返すことで回答者がイメージしている人物の名を当てられるアプリがありますが、内部の仕組みはそれと似ています。

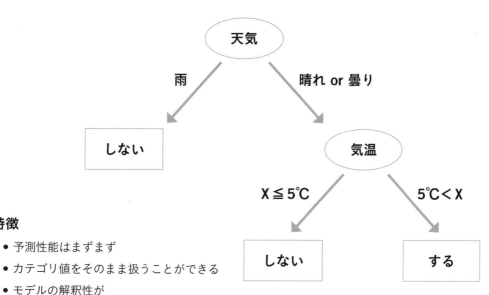

ジョギングをすべきか

特徴

- 予測性能はまずまず
- カテゴリ値をそのまま扱うことができる
- モデルの解釈性が

ニューラルネットワーク

ニューラルネットワークは、人間の脳が情報を処理する方法に触発された機械学習のモデルです。人間の脳のニューロン（神経細胞）が接続されて情報を伝達するのと同じように、ニューラルネットワークは多数のノード（ニューロンに相当）が接続されて情報を伝達します。ノードは層状に配置され、各ノードは1つ前の層からの入力を受け取り、重み付けした和を非線形変換（活性化関数）に通して次の層に出力します。学習では、出力結果と真の結果との差（誤差）を用いて、バックプロパゲーションという手法で各ノードの重みを調整します。

特徴

- **高い表現力**：ニューラルネットワークは非線形な関数を表現する能力があり、複雑なパターンや構造をもつデータに対しても高い性能を発揮します
- **汎用性**：ニューラルネットワークは、画像、テキスト、音声など、さまざまな種類のデータに対して適用可能です
- **深層学習**：ニューラルネットワークの層を深くすることで、より複雑な表現を学習することが可能になります。これを深層学習といいます
- **学習に時間と計算資源が必要**：大量のデータと計算資源を必要とします。また、適切なハイパーパラメータの設定や初期化、正規化手法なども重要です

❯ 分類問題（教師あり学習）

分類問題に対する代表的なアルゴリズムとして次のようなものがあります。

- **ロジスティック回帰**
- **決定木**
- **Random Forest**
- **Random Forest（ランダムフォレスト）**
- **Gradient Boosted Tree（勾配ブースティング木）**
- **ニューラルネットワーク**

ロジスティック回帰以外は回帰問題と同じため、説明は割愛します。共通しているこれらのアルゴリズムは回帰問題、分類問題問わずに使うことができます。

❯ ロジスティック回帰

ロジスティック回帰は名前には回帰と入っていますが、分類問題に対する古典的なアルゴリズムの1つです。シンプルなアルゴリズムなので学習を高速に行うことができ、ほかのアルゴリズムの基準値としてロジスティック回帰の制度が使われることがよくあります。

特徴

- 予測精度はまずまず
- 学習、予測は高速に行うことができる
- モデルの解釈性が高い

時系列問題（教師あり学習）

ARIMA（自己回帰和分移動平均モデル）

ARIMAは時系列データを分析し予測するための統計モデルの1つです。ARIMAはAuto Regressive (AR)、Integrated (I)、Moving Average (MA) の3つの要素から成り立っています。

特徴

- トレンド、季節性、ノイズなどのパターンを取り扱える
- データの非定常性を扱うための差分を取るステップが含まれる
- パラメータの調整が難しい場合がある

Prophet

Facebookが開発した時系列予測のためのツール。とくに日次の観測データに対しての予測や、季節性のあるデータの予測に優れています。

特徴

- 季節性、トレンド、祝日の影響などを考慮したモデリングが可能
- 欠損値の扱いや異常値の調整が容易
- APIがシンプルで使用しやすい

クラスタリング（教師なし学習）

KMeans（K平均法）

KMeansはデータポイントをKのクラスタに分類するためのアルゴリズムです。各クラスタの中心（セントロイド）を計算し、データポイントを最も近いセントロイドに割り当てます。

Chapter 1
Chapter 2
Chapter 3
Chapter 4
Chapter 5
Chapter 6

特徴

- K（クラスタ数）を事前に指定する必要がある
- 初期のセントロイドの位置によっては局所的な最適解に収束する場合がある
- シンプルで実装が容易

⊘ 次元削減（教師なし学習）

▶ SVD（特異値分解）

　線形代数の手法の1つで、行列を3つのほかの行列の積に分解します。主に推薦システムや次元削減に使用されます。

特徴

- データの潜在的な構造をキャプチャする
- ノイズの削減や情報の圧縮に有効

▶ PCA（主成分分析）

　PCAはデータの分散を最大化する新しい軸を見つけ出し、元の特徴空間を低次元の空間に変換します。

特徴

- データの視覚化やノイズの削減に有効
- 新しい特徴は元の特徴の線形組み合わせとして得られる
- 解釈性が低下する場合がある

▶ LDA（線形判別分析）

　LDAはクラスの分離を最大化するようにデータを低次元に射影する手法です。PCAとは異なり、LDAは教師あり学習の手法であり、ラベル情報を使用します。

特徴

- クラスの分離を最適化する
- 教師情報を必要とする
- 分類問題での特徴抽出として使われることが多い

評価指標

評価指標に関しても代表的なものを説明します。

> 回帰問題に関する指標

次は回帰問題に対する代表的な指標について説明します。

- **RMSE**
- **RMSLE**
- **Mean Absolute Error (MAE)**
- **R^2 Score**

> RMSE（Root Mean Squared Error）

実際の値と予測値の差（予測エラー）の二乗平均の平方根を取ったものです。大きなエラーが存在すると、それが二乗されるため、RMSEは大きなエラー（はずれ値）に対して敏感という特徴があります。

$$RMSE = \sqrt{\frac{1}{n}\sum_{i=1}^{n}(y_i - \widehat{y_i})^2}$$

> RMSLE（Root Mean Squared Logarithmic Error）

$$RMSLE = \sqrt{\frac{1}{n}\sum_{i=1}^{n}(log(y_i + 1) - log(\widehat{y_i} + 1))^2}$$

RMSLEも実際の値と予測値の差を評価しますが、両者の対数を取った上でRMSEを計算します。これにより、相対的な誤差（パーセンテージ誤差）を評価でき、値の大きさが非常に異なるデータでも扱いやすくなります。

▶ MAE（Mean Absolute Error）

$$MAE = \frac{1}{n} \sum_{i=1}^{n} |y_i - \widehat{y_i}|$$

　実際の値と予測値の差（予測エラー）の絶対値の平均を取ったものです。MAEは予測エラーの大きさを直感的に評価でき、とくに大きなエラー（はずれ値）に対してはRMSEほど敏感ではありません。そのため、はずれ値の影響を減少させたい場合や、エラーの大きさをそのままのスケールで解釈したい場合に適しています。

▶ MAPE（Mean Absolute Percentage Error）

$$MAPE = \frac{100}{n} \sum_{i=1}^{n} \left| \frac{y_i - \widehat{y_i}}{y_i} \right|$$

　MAPEは実際の値と予測値の絶対値の差の平均を計算します。MAPEは予測エラーの大きさに応じた評価を提供し、RMSEよりもはずれ値に対して強い、という特徴があります。

▶ R² Square

$$R^2 = 1 - \frac{\sum_{i=1}^{n} (y_i - \widehat{y_i})^2}{\sum_{i=1}^{n} (y_i - \overline{y})^2}$$

　R² Scoreは回帰モデルの予測性能を評価する指標で、モデルがデータにどれくらいフィットしているかを示します。実際の値の分散が予測値によってどれくらい説明されているかを表し、1に近いほどモデルがデータをよく表していることを意味します。

分類問題に関する指標

分類問題に関する代表的な指標に関して紹介します。

- 混同行列
- Accuracy
- Precision
- Recall
- F-Score
- ROC（Receiver operating characteristic）
- AUC（Area under the curve）

真陽性（TP）、真陰性（TN）、偽陽性（FP）、偽陰性（FN）

真陽性（TP）、真陰性（TN）、偽陽性（FP）、偽陰性（FN）は、分類問題に関する指標を理解する上で基本となる考え方です。それぞれの定義は次のとおりです。

1. 真陽性（TP: True Positive）

モデルが正と予測し、実際に正であった事例の数。つまり、正確に正のラベルを予測できた数です。

2. 真陰性（TN: True Negative）

モデルが負と予測し、実際に負であった事例の数。つまり、正確に負のラベルを予測できた数です。

3. 偽陽性（FP: False Positive）

モデルが正と予測したが、実際には負であった事例の数。誤って正のラベルを予測した数です。

4. 偽陰性（FN: False Negative）

モデルが負と予測したが、実際には正であった事例の数。誤って負のラベルを予測した数です。

Chapter 1
Chapter 2
Chapter 3
Chapter 4
Chapter 5
Chapter 6

これらの指標を基に以降の評価指標について説明していきます。

混同行列（Confusion Matrix）

混同行列は、分類問題の結果を評価するための表であり、実際のクラスと予測したクラスを比較します。比較にはいま説明した真陽性（IP）、真陰性（TN）、偽陽性（FP）、偽陰性（FN）を用います。

次の図のように表を作成します。混合行列を作成することにより、視覚的に精度を把握することができます。

		実際の結果	
		実際は正 (Positive)	実際は負 (Negative)
予測値	予測が正 (Positive)	TP（真陽性） True Positive	FP（偽陽性） False Positive
	予測が負 (Negative)	FN（偽陰性） False Negative	TN（真陰性） True Negative

Accuracy

$$Accuracy = \frac{TP + TN}{TP + TN + FP + FN}$$

予測のうち正しく予測できたものの割合。すなわち、真陽性と真陰性の合計を全予測で割った値です。

Precision

$$Precision = \frac{TP}{TP + FP}$$

モデルが正と予測したもののうち、実際に正だったものの割合。つまり、真陽性を（真陽性＋偽陽性）で割った値です。

Recall

$$Recall = \frac{TP}{TP + FN}$$

実際に正である全体のうち、正と予測できたものの割合。すなわち、真陽性を（真陽性＋偽陰性）で割った値です。

F-Score

$$F\text{-}Score = 2 \times \frac{Precision \times Recall}{Precision + Recall}$$

適合率と再現率の調和平均で、両者のバランスを示します。F-Scoreは適合率と再現率が等しい重みをもつ場合のF値です。

ROC (Receiver operating characteristic) 曲線・AUC (Area under the curve)

ROC曲線は連続的な予測値を0と1に分類する閾値を動かしたときに、真陽性率と偽陽性率を縦軸と横軸にプロットした図です（図を参照）。真陽性率と偽陽性率の定義は次のとおりです。

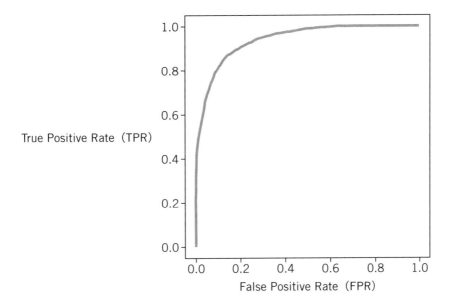

- **真陽性率（True Positive Rate: TPR）**：実際に陽性のサンプルの中で、陽性として正しく分類されたサンプルの割合
- **偽陽性率（False Positive Rate: FPR）**：実際には陰性のサンプルの中で、誤って陽性として分類されたサンプルの割合

ROC曲線はプロットされた線の下の面積が大きければ大きいほどモデルの精度がよいことを表しています。そこで登場するのがAUCで、AUCはROC曲線の下の面積を計算したものです。

Section 04 まとめ

このSectionでは、機械学習のアルゴリズムの選定と、それに関連する評価指標の選び方に焦点を当てました。アルゴリズムや評価指標の選定は、機械学習プロジェクトにおける中心的なタスクであり、その選択はビジネス課題の解決に向けての重要なステップとなります。

アルゴリズムや評価指標の選定を正確に行うためには、それぞれの特性や性質を深く理解することが不可欠です。このSectionで紹介した内容を基に、具体的なプロジェクトの進め方はこのChapterの前半を見返してみてください。

参考文献

- 『[第3版] Python機械学習プログラミング』Sebastian Raschka、Vahid Mirjalili, 株式会社クイープ、福島 真太朗（2020）インプレス
- 『スッキリわかるPythonによる機械学習入門』須藤秋良、株式会社フレアリンク（2020）インプレス
- 『機械学習のエッセンス』加藤公一（2018）SBクリエイティブ
- 『ゼロからつくるＰｙｔｈｏｎ機械学習プログラミング入門』八谷大岳（2020）講談社
- 『Pythonで学ぶ強化学習 ［改訂第２版］』久保隆宏（2019）講談社

Section
05 機械学習モデルの学習と選択

Chapter 1
Chapter 2
Chapter 3
Chapter 4
Chapter 5
Chapter 6

イントロダクション

　本Sectionでは、機械学習モデルの学習やモデル選択について、実際のプロジェクトでよく使われる概念のうち、これまでのSectionでは触れなかった発展的なものについて説明します。少し応用的な内容になりますので、難しく感じられるかもしれませんが、機械学習モデルを選択する際や、改善する際に非常に重要なコンセプトになるので、雰囲気だけでもぜひつかんでください。

▶ 精度以外の評価観点

　モデルを評価する際によく使われる観点としてまずモデルの精度があります。もちろん精度がよいほどよいモデルといえます。一方で、精度以外の観点としては、モデルの複雑性や、ドメイン知識とモデルパラメータの整合性が挙げられます。

　まず、モデルの複雑性に関する例を説明します。ほとんど同じ予測精度を実現できる2つの線形モデルがあったときに、一方は3個の特徴量を、もう一方は100個の説明変数を使うモデルで、わずかに後者の方が予測精度はよい場合を考えます。もし予測精度が決定的に重要であれば後者を使うことも考えられますが、予測精度よりも「なぜそのような予測値になるかを簡単に説明できるモデルでないと困る」というようなケースでは前者を使いたくなります。

　一般的に、特徴量が多ければ多いほど、精度は高くなりますが、解釈性は下がります。解釈性が低い最も極端な例がDeep Learningアルゴリズムでしょう。高精度を出すことで知られているDeep Learningアルゴリズムではパラメータが多いときに数億以上になりますから、モデルの解釈は困難です。一方で、Section2-1で紹介したような特徴量が2つだけのモデルでは解釈は容易ですが、一方精度はそこまで高くありません。このように解釈性と精度は度々トレードオフの関係になります。そのため、適用する課題によって「どういったモデルを選択すべきか」を都度考える必要があります。

　また、ドメイン知識とモデルパラメータの整合性の例としては次のようなケースが考えられます。例えば、（アンティークなどではない通常の）中古自動車の価格を予測する際に、販売価格 p と走行距離 x_1 として、その販売価格予測モデルが $p = 1.5x_1 + ...$ というようなモデルパラメータが学習の結果得られたとします。走行距離が長いほど販売価格は下がる（x_1 の係数値が負の値になる）ことが期待されますが、このモデルは上述のようなドメイン知識を考慮した直感とは逆になっています。もし、$1.5x_1$ と負の相関をもつような別の項がある場合、このモデル自体は間違っておらず、よい予測精度を実現するかもしれません。

　しかし、このような直感に反するモデルパラメータをもつモデルは、とくにそのモデルパラメータや各項の寄与率などを説明することが重要なビジネスシーンでは、利用が避けられる場合もあります。また、予測値そのものを使うのではなく、モデルの係数を基に意思決定する、というような機械学習モデルの使われ方もあります。

汎化性能評価（過学習について）

　一般に特徴量と目的変数の関係が複雑になるほど、それを精度よく表現するには構造が複雑な（表現力が豊かな）モデルを使う必要があります。しかし、必要以上に複雑なモデルを使うと、学習データでは精度がよいが評価・予測データでは精度が悪くなることがあり、「過学習（過剰適合）」と呼ばれています。本項では過学習とそれに関係する概念について、説明します。

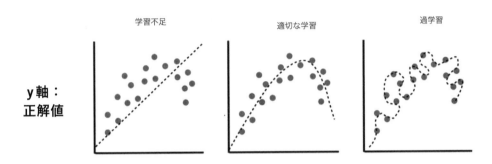

　こちらの図は「学習不足」「適切な学習」「過学習」の三種類のパターンを表現したものです。図が表しているものについて詳しく説明します。

　この3つの図は全て回帰アルゴリズムにおける機械学習モデルの学習と評価を表しています。x軸が1つの特徴量、y軸がそれを使った正解値です。例えば、物件の賃貸価格予測の例で考えると、x軸が広さ、y軸が賃貸価格と考えてください。広さに応じて価格が変動しています。そして、点線が機械学習モデルによる予測値です。x軸の特徴量とy軸の正解データを用いて機械学習モデルを学習したと考えてください。このとき、点線と実点の距離が「予測と正解の差」を表しています。つまり、この差が少ないときモデルの精度がよい、ということです。

　さて3つの図を見て、「学習不足」「適切な学習」「過学習」の中でどのパターンが最もよいモデルに見えるでしょうか？　考えてみてください。この図だけ見ると「過学習」は点線と実点の距離が0なので、最もよさそうに見えます。「学習不足」が一番悪く、2番目に「適切な学習」の精度がよさそうです。

では、次の図のように学習時には存在しなかったデータ（未知データ）を加えてみるとどうでしょうか。

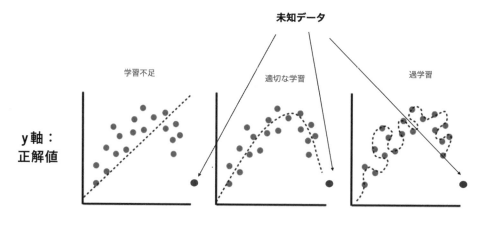

y軸：
正解値

x軸：特徴量
点線：モデルによる予測

恐らく印象が変わったのではないかと思います。未知データに対して最も「予測と正解の差」が少ないのは「適切な学習」です。「過学習」は学習時のデータに過度にフィットしすぎていて、新しいデータへの対応が全くできていません。これが過学習のメカニズムです。

過学習は、機械学習モデルを構築していると常に頭を悩ませる存在です。今回紹介した例はかなりわかりやすいものですが、実際にはもっとわかりにくい形で表出されます。学習時には精度がよいように見えますが、実際に本来の目的である予測を行おうとすると精度が全く出ない、という事態が発生します。

⊘ 交差検証（Cross-Validation）

そんな過学習を検知する方法がクロスバリデーション（Cross-Validation, CV）です。交差検証は、モデルの汎化性能を評価するための手法で、基本的にデータセットを複数の部分に分割し、それぞれの部分をテストデータとして使用しながらモデルの性能を評価するものです。代表的な交差検証の手法としては次のようなものがあります。

1. **ホールドアウト法（Holdout Method）**：データセットを通常２つのサブセット（訓練データとテストデータ）に分割するシンプルな手法です。
2. **k-分割交差検証（K-Fold Cross-Validation）**：　データセットをK個の同じサイズのサブセットに分割する手法です。

この中で、k-分割交差検証についてもう少し詳しく説明します。

⊘ k-分割交差検証

　k-分割交差検証では、学習データをk個のブロックにまずは分割します。例えば、時系列のデータであるなど順番に意味があるケースを除いて、k個のブロックへの分割はランダムに行うことがほとんどです。次に、1〜k-1番目のブロックを学習データ、k番目のブロックを評価データとして、学習し、汎化性能を評価します。次に、1〜k-2番目およびk番目のブロックを学習データ、k-1番目のブロックを評価データとして、同じように学習し、汎化性能を測定します。同様に繰り返すことで、k回の学習・汎化性能評価で、k個のモデルが得られます。このk個のモデルに対する汎化性能（評価データに対する評価指標）の平均値を、この学習データに対する汎化誤差として考えるのが、k-分割交差検証です。

　少ないサンプル数のデータを無理やり学習データと評価データに分割すると、次のような問題が生じる可能性があります。

- **サンプル数が少ないことによって十分な精度でモデルが学習できない**
- **過学習によって汎化性能がよくないモデルになる**
- **学習自体はよくても評価データが少ないことによって十分な信頼性をもつ汎化誤差の推定ができない**

　しかし、前段落のような方法を用いることで、元のサンプル数を確保しつつ、過学習しているかどうかを見極めるのに重要な汎化性能を評価できます。なお、k-分割交差検証をしてその学習アルゴリズム・モデルがよいと判断された後には、k回の学習のうち最も精度のよいモデルをそのまま用いるのではなく、k個のブロック全てのデータを用いて再度学習を行うのが一般的です。

k-分割交差検証
k＝5の場合

Test	Train	Train	Train	Train
Train	Test	Train	Train	Train
Train	Train	Test	Train	Train
Train	Train	Train	Test	Train
Train	Train	Train	Train	Test

k回検証を行う

k個のブロックに分割

ハイパーパラメータの探索

　すでに述べたように、学習フェーズによって予測器などのモデルのパラメータが最適化されます。一方で、ほとんどの予測器は、学習前にあらかじめ設定が必要なパラメータがあり、それらは「ハイパーパラメータ」と呼ばれています。予測精度は、学習データだけでなくハイパーパラメータをどのような値に設定するかに依存しており、通常、複数のハイパーパラメータを使って学習を実行して、最もよいハイパーパラメータを選択します。このプロセスは「ハイパーパラメータの探索」または「ハイパーパラメータ・チューニング」と呼ばれます。

　多くの場合、1つの予測器には複数のハイパーパラメータがあります。したがって、ハイパーパラメータを最適化するということは、それぞれのパラメータの値の最適な組み合わせを見つける必要があります。ここで注意が必要なのは、それぞれのパラメータの予測精度に及ぼす影響は互いに独立ではないため、一般には、それぞれのパラメータを順番かつ独立に探索しても、組み合わせとしての最適値を得ることはできません。とくに、ハイパーパラメータの数が多い場合には、その組み合わせの最適値は膨大な候補の中から探し出す必要があり、本質的には簡単な問題ではありません。

ハイパーパラメータの探索方法として、次の2種類がよく知られています。

- **グリッドサーチ**
- **ランダムサーチ**

▶ グリッドサーチ

　グリッドサーチは、あらかじめ各ハイパーパラメータに対して候補値を設定し、その組み合わせを網羅的に調べるものです。各パラメータから1つの候補値を選んだ1つの組み合わせのことを「グリッド点」と呼びます。例えば、パラメータ p_1 の候補として5個、パラメータ p_2 の候補として5個…、としてパラメータが $p_1 \sim p_{10}$ の10個あった場合、そのグリッド点の数は $5^{10} = 9765625$ 通りになります。パラメータの候補値をうまく設定すれば、すなわち候補値を探索する範囲が十分広く、また候補値の間隔が荒すぎなければ、原理的には必ず最適なものを探し出すことができます。探索のアルゴリズムも極めてシンプルです。しかし、1つのグリッド点に対する学習時間が長い場合（学習データが大きい場合、計算コストの高いアルゴリズムを利用する場合など）や探索する必要のあるグリッド点が多い場合、現実的な時間で探索を終えることが難しくなります。

```python
# 必要なライブラリとデータセットをインポートします
from sklearn import svm, datasets
from sklearn.model_selection import GridSearchCV

# irisデータセットをロードします
iris = datasets.load_iris()

# Grid Searchで検証したいパラメータの組み合わせを指定します
parameters = {'kernel':('linear', 'rbf'), 'C':[1, 10]}

# SVMのモデルを初期化します
svc = svm.SVC()

# Grid Searchを行うオブジェクトを作成します。このとき、使用するモデル(svc)とパラメータ(parameters)を指定します
cv = GridSearchCV(svc, parameters)
```

```
# Grid Searchを実行します。このとき、データ(iris.data)とそのラベル(iris.target)を指定してfitメソッ
ドを呼び出します
cv.fit(iris.data, iris.target)

# 最もよいスコアを出したパラメータの組み合わせを表示します
print("Best params", cv.best_params_)
# 最もよいスコアを表示します
print("Best score", cv.best_score_)
```

次のように出力されます。それぞれ、グリッドサーチの結果、最もよかったパラメータとスコアです。

```
Best params {'C': 1, 'kernel': 'linear'}
Best score 0.9800000000000001
```

▶ ランダムサーチ

ランダムサーチは、各ハイパーパラメータの値を決められた範囲（定義域）の中でランダムに選んで学習を行い、それをある程度の回数を繰り返す方法です。1回の学習に時間がかかったり、あるいはハイパーパラメータの数が多かったりする場合でも、繰り返し回数は任意に決められるので、現実的な計算時間になるように調整できます。しかし、候補の値をランダムに選ぶので、どれほど適切な値の組み合わせが見つかるかどうかは、運任せになってしまいます。

```
# 必要なライブラリとデータセットをインポートします
from sklearn.datasets import load_iris
from sklearn.linear_model import LogisticRegression
from sklearn.model_selection import RandomizedSearchCV
from scipy.stats import uniform

# irisデータセットをロードします
iris = load_iris()
```

```
# ロジスティック回帰のモデルを初期化します。いくつかのパラメータ（solver, tol, max_iter, random_
state）が設定されています
logistic = LogisticRegression(solver='saga', tol=1e-2, max_iter=200, random_state=0)

# ランダムサーチで検証したいパラメータの分布やリストを指定します
distributions = dict(C=uniform(loc=0, scale=4), penalty=['l2', 'l1'])

# ランダムサーチを行うオブジェクトを作成します。このとき、使用するモデル(logistic)とパラメータ
の分布(distributions)を指定します
cv = RandomizedSearchCV(logistic, distributions, random_state=0)

# ランダムサーチを実行します。このとき、データ(iris.data)とそのラベル(iris.target)を指定してfitメ
ソッドを呼び出します
search = cv.fit(iris.data, iris.target)

# 最もよいスコアを出したパラメータの組み合わせを表示します
print("Best params", cv.best_params_)
# 最もよいスコアを表示します
print("Best score", cv.best_score_)
```

　次のように出力されます。それぞれ、グリッドサーチの結果、最もよかったパラメータとス
コアです。

```
Best params {'C': 2.195254015709299, 'penalty': 'l1'}
Best score 0.9800000000000001
```

Chapter 1
Chapter 2
Chapter 3
Chapter 4
Chapter 5
Chapter 6

まとめ

　このSectionでは、機械学習モデルの選択基準を説明し、過学習や汎化性能というコンセプト、そしてそれを改善する手法について紹介しました。こういった内容は初級より一歩進んだ内容にはなりますが、機械学習プロジェクトを推進する上では避けては通れない道なので、説明させてもらいました。実際にご自身の機械学習プロジェクトに適用してみたり、この本で紹介されている参考文献などを読んだりすることで、さらに理解を深めてください。

参考文献

- 『機械学習を解釈する技術』森下光之助（2021）技術評論社

Python

scikit-learn

Section 01 機械学習モデルを運用してみよう

イントロダクション

　このChapterでは機械学習モデルの運用について説明します。まずこのSectionではなぜ運用が必要なのかを説明し、バッチ学習とリアルタイム学習の概要については6-2で説明します。

　機械学習モデルの運用は、機械学習を勉強している方が後回しにしてしまいがちな内容ですが、非常に重要です。もし、ここまでの本書の内容をあなたがマスターして、業務課題を解決する機械学習モデルが構築できたとしても、運用方法がわかっていなければ、それは実際に使うことができないでしょう。それは非常にもったいないことなのですが、残念ながらそういったプロジェクトが実際には数多く存在します。

　せっかく学習した機械学習を有効に活用できるように、このChapterで機械学習モデルの運用についてしっかり学んでいきましょう。

これまでのChapterでは、機械学習モデルの構築や学習、評価について学んできました。しかし、機械学習モデルを実際に利用する際には、運用が必須です。機械学習モデルの運用では、機械学習モデルで定期的な予測やリアルタイム予測を行い、そのパフォーマンスを監視し、必要に応じて再学習を行うことが求められます。

　この運用に関するプロセスは一般的に「MLOps（Machine Learning Operations）」と呼ばれています。MLOpsは、機械学習モデルの運用や効率的な管理、継続的な改善を目指す手法です。MLOpsにはさまざまな側面がありますが、このChapterではとくにバッチ予測、リアルタイム予測、モニタリングと再学習に焦点を当てて説明します。

なぜ運用が必要なのか

＞ 予測の自動化の重要性

　機械学習モデルは継続的な予測をする必要があります。例を挙げて説明します。不動産価格の予測では、一度だけ予測して終わり、ということはありません。不動産価格は毎日変動します。そのため、毎日予測を行う必要があります。レストランの売上予測も同様です。レストランの売上は毎日変動します。そのため、毎日予測を行う必要があります。

　継続的に予測を行う上で、毎回手作業で予測するのはよい方法ではありません。手作業で予測を行うということは、モデルファイルを読み込み、データの読み込み、前処理を人間が毎回行うことになります。人間がやる以上何らかのミスが発生することは想像に難くないでしょう。

　このような理由から予測は自動化を行うことが一般的です。また、いままでのChapterでは触れてきませんでしたが、「リアルタイム予測」という予測の方式もあります。これは、いままで行ってきた予測とは異なり個別のデータに対してリアルタイムに予測を行うことです。「リアルタイム予測」は予測結果に即時性が求められる際に使われます。この性質上、手作業で予測することはなく、「リアルタイム予測」の場合も自動化が必要になります。

即時性が求められ、個別のデータに対して行う「リアルタイム予測」に対して、即時性が求められず、ある一定のデータをまとめて予測することを「バッチ予測」といいます。後ほど「バッチ予測」と「リアルタイム予測」のより詳しい説明を行います。

⟩ モニタリング・再学習の必要性

機械学習モデルは、一般的に定期的に再学習を行う必要があります。「なぜ一度学習したのにまた学習し直す必要があるのだろう」と思われた方もいるでしょう。再学習を行う理由は、機械学習モデルは時間経過に応じて精度が低下するためです。

なぜ精度が低下するのでしょう。その理由は現実世界のデータ傾向は常に変化し続けているからです。例えば、デスクトップPCとラップトップPCの売上比率はここ20年で大きく変動しました。不動産価格に関していえば、リーマンショック前後では大きく価格の傾向が異なります。こういった世界の変化に機械学習モデルは影響を受けます。この現象は機械学習の領域では「**ドリフト**」と呼ばれます。ドリフトがモデルの精度に影響を与える例として、不動産の価格予測を考えてみましょう。コロナウイルスによるパンデミックが発生し、郊外都市に移住する人が増え、一部の郊外都市の家賃が上昇したそうです。もし機械学習モデルの特徴量として市区町村を表すカテゴリデータを使っていたとき、極端にいえば、その郊外都市の家賃に与える影響がいままでマイナスだったのに、パンデミック後はプラスになっている可能性もあります。このように機械学習モデルは世界の変化に合わせて再学習する必要性があるのです。

そして「いつドリフトが発生して、いつ再学習が必要か」を知るためにモニタリングも同様に必要になるのです。

バッチ予測とリアルタイム予測

バッチ予測とリアルタイム予測についてもう少し詳しく説明します。

▶ バッチ予測

　バッチ予測は、ある一定量のデータに対して予測することです。例えば日次や週時でまとめて予測する場合や、すでに予測したいデータが準備してありそれに対してまとめて予測するケースが該当します。入力形式、出力形式はともにCSVやTSVなどのファイル形式やMySQLなどのRDBが一般的に使われます。機械学習に限らず、毎朝購買データを収集する日時バッチを稼働させている企業も多いですが、それに近いイメージです。

　長所としては学習時と同じような手法で予測を行えるのでセットアップが簡単であること、まとめて処理を行うことでマシンリソースを有効活用できることなどがあります。短所は処理に時間がかかることです。例えば、Webサービスを運営していてユーザーが入力した情報に対してリアルタイムに予測を行いたい場合にはバッチ予測はそぐわないでしょう。

▶ リアルタイム予測

　リアルタイム予測は、予測結果の取得にリアルタイム性が求められる場合に用いられます。入力形式、出力形式は、JSONやProtocol Buffersなどが用いられます。Webアプリケーション上でリクエストとして機械学習モデルへの入力データを受け取り、予測結果をレスポンスとして返却するという手法が一般的です。

　長所としてはレイテンシが短いことです。リアルタイム性が求められるソフトウェアではリアルタイム予測を用いることになるでしょう。短所は、例えばWebアプリケーションの準備など、バッチ予測とは別の仕組みが必要になることです。

このChapterについて

この後のSectionではバッチ予測とリアルタイム予測についてコードを用いて詳しく説明します。機械学習モデルの運用もマスターして機械学習プロジェクトに関係する全てのフェーズをコンプリートしましょう。

MLOpsを深く学びたい方へ

MLOps に関心がある場合は、参考資料や書籍も多く出版されているため、そちらも合わせてご参照ください。例えば、次のような書籍がおすすめです。

- 『仕事ではじめる機械学習 第2版』有賀 康顕、中山 心太、西林 孝（2021年）オライリージャパン
- 『AIエンジニアのための機械学習システムデザインパターン』澁井 雄介（2021年）翔泳社
- 『入門 機械学習パイプライン―TensorFlowで学ぶワークフローの自動化』Hannes Hapke, Catherine Nelson 著、中山 光樹 訳（2021年）オライリージャパン
- 『Practical MLOps（English Edition）』Noah Gift, Alfredo Deza（2021年）O'Reilly Media

Chapter 1

Chapter 2

Chapter 3

Chapter 4

Chapter 5

Chapter 6

Section

02　バッチ予測をしよう

イントロダクション

　バッチ予測は、例えば、日次や月次で集計されるデータに対して、一括での予測や、大量の商品データに対しての価格予測、顧客情報のセグメント別マーケティング施策の最適化など、多岐にわたる用途で活用されています。このようなバッチ予測を効率的に行うためには、適切なツールや手法の選択、そしてそれらを組み合わせた実装が必要となります。

　この Section では、バッチ予測の基本的な流れと、それを実現する Python のスクリプトの作成方法について、実際のコードを交えて詳しく解説します。また、どのような場面でバッチ予測が必要とされるのか、どのような利点があるのかについても触れていきます。この Section でバッチ予測の理解を深め、実際の業務やプロジェクトでの活用方法について学んでいきましょう。

前提

このSectionでは、機械学習モデルはすでに学習済みとして、説明していきます。学習した
モデルはリポジトリにありますので、そちらを利用してください。機械学習モデルの詳細は次
のとおりです。

- Section 2-1で学習した不動産予測モデルを使用しています
- 線形回帰アルゴリズムを使用しています
- joblibというライブラリを用いてモデルを保存しています

作成するもの

predict_batch.py：このスクリプトは、シリアライズされたモデルを読み込み（デシリアライ
ズ）、与えられた入力データに対するバッチ予測を行い、その結果をCSVファイルに保存
します。具体的には、次のステップが含まれます。

- シリアライズされたモデルをロードします
- 入力データをCSVファイルからロードします
- バッチ予測を行います
- 予測結果を指定されたパスのCSVファイルに保存します

コマンドラインからは次のように実行します。この例では、入力データを"input.csv"から
ロードし、予測結果を"output_result.csv"に保存します。

bash

```bash
python predict_batch.py input.csv output.csv
```

これらのスクリプトは、学習と予測を明確に分けることで、モデルの更新やバッチ予測の実
行を容易にすることができます。また、スクリプトはコマンドライン引数によって動作をカス
タマイズできるため、さまざまな状況に対応可能です。

コード

　次に、シリアライズされたモデルをデシリアライズし、入力データに対してバッチ予測を行い、その結果をCSVファイルに保存するPythonスクリプトpredict_batch.pyを作成します。このスクリプトでは、シリアライズされたモデルのパス、入力データのパス、出力結果のパスをコマンドライン引数で受け取ります。

training.py

```python
import sys
import pandas as pd
from joblib import load

# コマンドライン引数から入力データと出力データのパスを取得
input_data_path = sys.argv[1]
output_data_path = sys.argv[2]

# シリアライズされたモデルをロード
model = load("model.pkl")
# 入力データをロード
df = pd.read_csv(input_data_path)
# バッチ予測
# 特徴量を取得
feature_cols = ['house_area', 'distance']    # 順序は学習時と同じにする必要があるので注意
X = df[feature_cols]
predictions = model.predict(X)
# 予測結果をデータフレームに変換
predictions_df = pd.DataFrame(predictions, columns=['Prediction'])
# 予測結果をCSVファイルに保存
predictions_df.to_csv(output_data_path, index=False)
```

コードの説明

`predict_batch.py`スクリプトは次のステップで動作します。

1. モデルの読み込み：「前提」で準備した学習済みのモデルを読み込みます。joblibというライブラリを用いて行います。いままでのChapterでは、学習と予測を同時に行っていたので、このステップは不要でした。なぜなら、Pythonの実行中に行う場合はモデルをメモリに乗せておけるからです。

ただ、実際のモデルの運用では、学習と予測は別のタイミングで行われます。そのため、学習したモデルを一度ファイル形式などで保存し、予測時に読み込む必要があります。このステップでは、学習済みのモデルを読み込むことで予測を行うための準備を行っています。

python
```
# シリアライズされたモデルをロード
model = load("model.pkl")
```

2. 入力データの読み込み：次に、新しい入力データをCSVファイルから読み込みます。このデータはモデルが予測を行うための未知のデータです。

python
```
# 入力データをロード
df = pd.read_csv(input_data_path)
```

3. バッチ予測の実行：読み込んだモデルを使用して、入力データに対する予測を行います。読み込んだmodelはscikit-learnのmodelオブジェクトなので、predictメソッドを呼び出すことができます。呼び出し方はこれまでのChapterで説明した方法と同じです。

python

```python
# バッチ予測
# 特徴量を取得
feature_cols = ['house_area', 'distance']  # 順序は学習時と同じにする必要がある
ので注意
X = df[feature_cols]
predictions = model.predict(X)
```

4. 予測結果の保存：予測結果をpandasのデータフレームに変換し、CSVファイルとして保存します。

python

```python
# 予測結果をデータフレームに変換
predictions_df = pd.DataFrame(predictions, columns=['Prediction'])
# 予測結果をCSVファイルに保存
predictions_df.to_csv(output_data_path, index=False)
```

　これでバッチ予測の処理は終わりです。モデルの保存、読み込み以外はいままでの予測とそこまで変わらなかったのではないでしょうか。これがバッチ予測の基本でユースケースに応じてカスタマイズすることで本番環境で運用することができます。

Chapter 1
Chapter 2
Chapter 3
Chapter 4
Chapter 5
Chapter 6

さらにその先へ

⊙ 定期予測

　一度学習したモデルとバッチ予測スクリプトがあれば、これらを組み合わせて定期的に予測を行うシステムを設計できます。予測が必要なタイミングや頻度に応じて、次のような定期的なタスク実行のためのツールを活用できます。

- **crontab**：LinuxやUNIX系のOSにおける定期的なジョブスケジューリングのためのツールです。予測スクリプトの実行を毎日の特定の時間、または特定の間隔（例えば1時間ごとなど）で実行するために使用できます。
- **Airflow**：より高度なワークフロー管理やジョブスケジューリングが必要な場合には、Airflowのようなワークフローエンジンを使用できます。AirflowではDAG（Directed Acyclic Graph）という形式でタスク間の依存関係を定義し、複雑なジョブのスケジューリングや監視を行うことができます。

⊙ 入出力先のカスタマイズ

　現実的な応用では、CSVファイルによるデータの入出力だけでなく、RDB（リレーショナルデータベース）やデータレイク（構造データ、非構造データどちらも保存可能なストレージ）といった、ほかのデータソースやデータストレージに対応することが多いでしょう。

　入力データの取得や予測結果の保存を行う部分は、CSVファイルからRDBやDatalakeへの接続に対応するようにカスタマイズすることが可能です。例えば、Pythonのライブラリである psycopg2やpyodbcを使用すればPostgreSQLやSQL ServerなどのRDBに接続し、SQLを用いてデータの取得や保存を行うことができます。データレイクとの連携には boto3 (AWS S3用)、google-cloud-storage (Google Cloud Storage用)、azure-storage-blob (Azure Blob Storage用)などのライブラリを使用することが可能です。

モニタリングとエラー分析

定期予測を行った後に必要になるのが、モニタリングとエラー分析です。

モニタリング

モニタリングとは実際の運用環境での性能を定期的にモニタリングすること。新しいデータや変化する状況にモデルがどのように対応しているかを評価することで、モデルの劣化を検出します。具体的には次のようなことを行います。

- **メトリクスの収集**：入力データ、モデルの予測結果、評価指標（モデルの性能）を保存します。
- **アラートの設定**：評価指標（モデルの性能）が一定の基準を下回った場合に通知が行われるようにアラートを設定します。

エラー分析

エラー分析とは、モニタリングの結果、モデルの劣化を検出した際に「劣化した原因は何か」を分析し、モデルの改善を行うことを指します。具体的には次のようなことを行います。

- **エラーの分類**：まず、誤った予測をしたサンプルを集め、それらのエラーのタイプを分類します。たとえば、画像分類タスクであれば「誤って背景を対象と認識した」「似ている別のクラスと誤認した」といったエラーのカテゴリを定義することができます。
- **エラーの原因の特定**：エラーの大部分を占めるカテゴリを特定し、その原因を探ります。例えば、データに偏りがある、特定の特徴が欠落している、前処理の不備などが考えられます。
- **修正の方針の策定**：エラーの原因に対してどのような対策をとるかを決定します。データを追加する、特徴量エンジニアリングを行う、モデルのアーキテクチャを変更するなどの対応が考えられます。
- **フィードバックループの構築**：エラー分析から得られた知見をもとにモデルの改善を行い、再びモニタリングを行うことで、継続的にモデルの性能を向上させられます。

Section 02　まとめ

　このSectionではバッチ予測の実装と適用に関する詳細を、コードを用いて解説しました。シリアライズされた機械学習モデルの読み込み、新しいデータの取得、バッチ予測の実行、そしてその結果をCSVファイルとして保存する一連のプロセスを学びました。ここで取り扱った例はかなりシンプルな例なので、実際にビジネスに適用する際には追加で考えなければいけないことが多く発生するかと思います。それに関しては参考文献等を通じて、より深く学んでください。このSectionでバッチ予測を実装する雰囲気をつかんでもらえれば幸いです。

参考文献

- 『現場で使える！機械学習システム構築実践ガイド』澁井雄介（2022）翔泳社
- 『AIエンジニアのための機械学習システムデザインパターン』澁井雄介（2021）翔泳社
- 『機械学習デザインパターン 』Valliappa Lakshmanan、Sara Robinson、Michael Munn 著、鷲崎弘宜、竹内広宜、名取直毅、吉岡 信和 訳（2021）オライリージャパン
- 『機械学習システムデザイン 』Chip Huyen 著、江川 崇、平山 順一 訳（2023）オライリージャパン

Section

03　リアルタイム予測をしよう

イントロダクション

　リアルタイム予測とは、データがシステムに入力された瞬間に、それに対する予測や分析結果を即座に返す技術のことです。例えば、オンラインショッピングサイトでの商品推薦や、自動運転車での障害物検出など、リアルタイムでの判断が求められるシチュエーションでこの技術は利用されます。これにより、ユーザーやシステムはデータの変化や新しい情報に素早く対応でき、最適なアクションを取ることが可能となります。

　この Section では、リアルタイム予測を実現するための方法として、Streamlit と FastAPI を用いて、実装方法や特徴について解説します。

- Streamlit を利用する方法：データの可視化や機械学習モデルのプロトタイピングに適しており、ユーザーフレンドリーなインターフェースを簡単に作成できます。
- FastAPI を利用する方法：企業の本番環境や大規模なアプリケーションでの利用に適しています。

　この2つの方法は、用途や目的に応じて使い分けられます。さぁ、それぞれ学んでいきましょう。

前提

このSectionでは、機械学習モデルはすでに学習済みとして、説明をしていきます。学習したモデルはリポジトリにありますので、そちらを利用してください。

機械学習モデルの詳細は次のとおりです。

- Section2-1で学習した不動産予測モデルを使用しています
- 線形回帰アルゴリズムを使用しています
- joblibというライブラリを用いてモデルをシリアライズ（Pythonオブジェクトをファイル形式等に変換すること）しています

Streamlit を利用する方法

Streamlitとは、Pythonを使ったインタラクティブなWebアプリケーションを簡単に作成できるオープンソースフレームワークです。データサイエンティストや機械学習エンジニアが、データの探索や可視化、機械学習モデルの評価やデモンストレーションを行う際に、手軽にWebアプリケーションを構築できます。Streamlitは、直感的なAPIをもっており、短いコードでアプリケーションを作成できるため、初心者にも扱いやすいです。

詳しくは Streamlit の公式サイトをご参照ください。
- Streamlit公式サイト：https://streamlit.io/

このSectionでは、Streamlitを使ってリアルタイム予測を行う方法を説明します。これにより、機械学習モデルの予測結果をリアルタイムで表示し、ユーザーがパラメータを変更するとすぐに予測が更新されるインタラクティブなアプリケーションを作成できます。

Streamlitを使ってリアルタイム予測を行うためのコードを示します。このコードでは、保存したモデルを読み込み、ユーザーに入力を受け付け、予測結果を表示するものです。streamlit_predict.pyという名前で次のコードを保存してください。

python

```python
import streamlit as st
import pandas as pd
from joblib import load

# 保存したモデルを読み込む
model = load("model.pkl")

# スライダーで入力を受け付ける関数
def user_input_features():
    house_area = st.sidebar.slider("面積(m2)", 0.0, 200.0, 30.0)
    distance = st.sidebar.slider("駅からの距離(m)", 1, 2000, 160)

    data = {
        "house_area": [house_area],
        "distance": [distance]
    }

    features = pd.DataFrame(data)
    return features

st.write("# 不動産価格予測アプリ")

# ユーザー入力を受け付け
input_df = user_input_features()

# 予測を実行
price_pred = model.predict(input_df)

# 予測結果を表示
st.write(f"## 予測結果: {int(price_pred[0])} (円)")
```

このコードを保存した後、ターミナルまたはコマンドプロンプトで次のコマンドを実行してください。

```
streamlit run streamlit_predict.py
```

このコマンドを実行すると、Webブラウザが開き、次のようにStreamlitアプリケーションが表示されます。

アプリケーションでは、サイドバーに入力欄があり、ユーザーが入力するとリアルタイムで予測が更新されます。試しに「面積(m2)」や「駅からの距離(m)」などを変更してみてください。「予測結果(円)」が変更されることが確認できると思います。これが機械学習モデルを使ってリアルタイムに予測を行った結果です。

FastAPIを利用する方法

FastAPIとは、PythonでAPIを構築するための高速なWebフレームワークです。近年、APIサーバーとして人気があり、導入される事例が増えています。以前まではDjangoやFlaskなどの選択肢が第一候補でしたが、現在はとくにこだわりがなければFastAPIを選んでおくのが無難だと思います。

詳しくはFastAPIの公式サイトをご参照ください。
● FastAPI 公式サイト：https://fastapi.tiangolo.com/

本書では、FastAPIを使ってリアルタイム予測を行う方法を説明します。これにより、機械学習モデルの予測結果をリアルタイムで返すAPIを構築し、ユーザーがパラメータを変更してリクエストを送るとすぐに予測結果が得られるインタラクティブなシステムを作成できます。

FastAPIを使ってリアルタイム予測を行うためのコードを示します。このコードでは、保存したモデルを読み込み、ユーザーからの入力を受け付け、予測結果を返します。fastapi_predict.pyという名前で次のコードを保存してください。

python

```python
from fastapi import FastAPI
import pandas as pd
from pydantic import BaseModel
from joblib import load

# 保存したモデルを読み込む
model = load("model.pkl")


app = FastAPI()

class RealEstateInput(BaseModel):
    house_area: float
    distance: int

@app.post("/predict")
def predict_price(input_data: RealEstateInput):
    data = {
        "house_area": [input_data.house_area],
        "distance": [input_data.distance]
    }

    input_df = pd.DataFrame(data)
    price_pred = model.predict(input_df)
    return {"predicted_price": price_pred[0]}
```

　このコードを保存した後、ターミナルまたはコマンドプロンプトで次のコマンドを実行してください。

bash

```bash
uvicorn fastapi_predict:app --reload
```

このコマンドを実行すると、FastAPIアプリケーションが起動し、http://127.0.0.1:8000でアクセスできます。リアルタイム予測を行うために、このようなJSONデータを/predictエンドポイントにPOSTリクエストとして送信できます。次のコードは、curlコマンドを使ってリクエストを送信する例です。

bash

```
curl -X POST "http://127.0.0.1:8000/predict" -H "accept: application/json" -H
"Content-Type: application/json" -d '{"house_area": 30.0, "distance": 160}'

# >> {"predicted_price":275010.68175072165}
```

"predicted_price"には、予測された物件価格が返されています。

Section 03 　**まとめ**

　このSectionではリアルタイム予測の方法として、**Streamlit**と**FastAPI**を用いたアプローチを紹介しました。**Streamlit**を使った方法では、インタラクティブな**Web**アプリケーションを簡単に構築でき、ユーザーがパラメータを変更するとすぐに予測が更新されるようなインターフェースを提供できます。一方、**FastAPI**を使った方法では、高速な**WebAPI**を構築し、ユーザーがパラメータを変更してリクエストを送るとすぐに予測結果が得られるインタラクティブなシステムを作成できます。

参考文献

- 『現場で使える！機械学習システム構築実践ガイド』澁井雄介（2022）翔泳社
- 『AIエンジニアのための機械学習システムデザインパターン』澁井雄介（2021）翔泳社
- 『機械学習デザインパターン 』Valliappa Lakshmanan、Sara Robinson、Michael Munn 著、鷲崎弘宜、竹内広宜、名取直毅、吉岡 信和 訳（2021）オライリージャパン
- 『機械学習システムデザイン 』Chip Huyen 著、江川 崇、平山 順一 訳（2023）オライリージャパン

Column | 予測にマネージドサービスを用いる

　このChapterでは、予測運用をPythonコードを書いて行う方法を紹介しましたが、マネージドサービスを用いて実現する方法もあります。ここ数年で機械学習に関するクラウドサービスは充実しており、さまざまなユースケースに適応できます。有名なところでは「Amazon SageMaker」「Google Vertex AI」「Azure Machine Learning」などがあります。

　こういったマネージドサービスを用いるメリットとして「すでに必要な機能がそろっているので、システム設計/実装をする必要がないこと」や高い安定性などがあります。一方でデメリットとして、マネージドサービスにロックインされてしまうこと、実際のビジネスユースケースに適用しようとすると細かいカスタマイズが必要になったり、その細かいカスタマイズがマネージドサービスの都合上できなくなったりして困ってしまう、ということが挙げられます。ただ、上手く使えば、非常に強力な武器になりますので、ドキュメントや事例をよく調べ、効果的に活用しましょう。

おわりに、この後の学び方

これで、この本書の内容は最後です。さまざまな領域を横断して解説したので、少し疲れたかもしれません。しかし、機械学習に関する包括的な知識を理解してもらえたかと思います。これであなたは、機械学習についてより深く学んでいくための地図を獲得しました。この地図をもって、さらに深い機械学習の世界に足を踏み入れてみてください。

この本では、次のような内容について解説してきました。

- 実際の例を基に「どう機械学習を適用できるか」を考えるところから解説
- 動かせるコードを紹介し、実践的な形で機械学習のプロセスやさまざまなモデルについて説明
- ビジネスの現場で頻出する機械学習適用のパターンを解説

これらの内容が、少しでも皆さまが機械学習を勉強する一歩の手助けになればうれしく思います。

「はじめに」で書いたとおり、機械学習に関する理論や数学的説明は最小限にとどめています。そのため、ある意味、ブラックボックス的に見えた、つまり「実際に何が行われているかよくわからない」と思われた部分もあるでしょう。この書籍を読んで、このような疑問が湧いた方、またさらに機械学習を深く学びたいと感じた方はぜひ、次のような方法を試してみてください。

- 機械学習に関する理論や数学的な解説が詳しい書籍やWebサイトを読んでみる
- 機械学習ライブラリのチュートリアルやハンズオンを通じて、実際にコードを動かしながら学ぶ
- Courseraなどのオンラインのコースを受講する
- 機械学習に関するセミナーやカンファレンスに参加する

このような方法を試すことで、機械学習に対する理解を深められるでしょう。本書を通して、皆さんが機械学習を学び始める一歩を踏み出してくれたことをうれしく思います。

謝辞

　本書の製作にあたり、次に示す皆さまをはじめ、多くのフィードバックをいただきました。本書の執筆のサポートをいただいた大久保 晋之介さん、本書を担当してくださった翔泳社の畠山さん、山本さん、企画を立てていただいた片岡さん、支えていただいた皆さまに対してこの場を借りて感謝の意を表します。

2023年10月　著者記す

Index 索引

■著者プロフィール

池田 雄太郎（いけだ ゆうたろう）

1990年生まれ、筑波大学大学院にて修士（工学）を取得。不動産やWebマーケティング領域にて機械学習アプリケーション開発を経験し、合同会社dotData Japanにて、データサイエンス自動化ソフトウェアの開発に従事。

田尻 俊宗（たじり としかず）

1988年生まれ、京都府京都市在住。奈良先端科学技術大学院大学にて修士（工学）を取得。機械学習プラットフォームや機械学習アプリケーションを開発する多数のプロジェクトを経験し、現在は合同会社dotData Japanにて、データサイエンス自動化ソフトウェアの開発に従事。

新保 雄大（しんぼ ゆうだい）

1983年生まれ、新潟県長岡市在住。長岡技術科学大学大学院にて、分子生物物理学の研究により博士（工学）を取得。ソフトウェアエンジニアとして機械学習や数理最適化など多数の数理・データ分析ソフトウェアの開発を経験し、現在は合同会社dotData Japanにてエンジニアリングマネージャとして従事。

装丁デザイン：霜崎 綾子
DTP：富 宗治

実務で役立つPython（パイソン）機械学習入門
課題解決のためのデータ分析の基礎

2023年11月16日　初版第1刷発行

著者	池田 雄太郎、田尻 俊宗、新保 雄大
発行人	佐々木 幹夫
発行所	株式会社 翔泳社（https://www.shoeisha.co.jp）
印刷・製本	日経印刷 株式会社

ISBN978-4-7981-6340-6
Printed in Japan